高等职业教育"十三五"规划教材

新编大学计算机基础实验指导

高　昱　徐　澍　孙君菊　主编

赵　慧　李铁男
杨　峰　李良俊　副主编

科学出版社

北　京

内 容 简 介

本书以计算机基础知识和基本能力的培养为主要内容,介绍计算机基础知识,Windows 7 操作系统,办公自动化软件 Office 2010 中的 Word、Excel、PowerPoint 及其应用,以及计算机网络应用基础操作等内容。书中每章都由具体的实训项目构成,每个实训项目配以实例操作和实训练习,供教师教学参考和学生操作练习。本书有助于大学生计算机应用能力的培养,为后续课程的学习打下基础,使其能够适应以后就业岗位的需求,进而培养其持续学习及终身学习的能力。

本书可作为高等学校非计算机专业计算机应用基础课的实验教材,也可作为全国计算机等级考试的辅导用书。

图书在版编目(CIP)数据

新编大学计算机基础实验指导/高昱,徐澍,孙君菊主编. —北京:科学出版社,2017

(高等职业教育"十三五"规划教材)

ISBN 978-7-03-054063-8

Ⅰ. ①新… Ⅱ. ①高… ②徐… ③孙… Ⅲ. ①电子计算机-高等职业教育-教学参考资料 Ⅳ. ①TP3

中国版本图书馆 CIP 数据核字(2017)第 186455 号

责任编辑:宋 丽 王 惠 / 责任校对:王万红
责任印制:吕春珉 / 封面设计:东方人华平面设计部

科学出版社 出版
北京东黄城根北街 16 号
邮政编码:100717
http://www.sciencep.com

北京市京宇印刷厂 印刷
科学出版社发行 各地新华书店经销

*

2017 年 9 月第 一 版 开本:787×1092 1/16
2018 年 1 月第二次印刷 印张:12
字数:278 000
定价:**30.00 元**
(如有印装质量问题,我社负责调换〈北京京宇〉)
销售部电话 010-62136230 编辑部电话 010-62135397-2052

前　言

　　计算机应用基础是大学生的公共必修基础课，掌握计算机操作技能及其应用是高学院校培养实用型、复合型人才的一个重要环节，也是信息化社会对大学生基本素质的要求。为了加强对学生计算机基础应用能力的培养，配合大学计算机应用基础课程的教学，编者组织编写了本书。

　　本书以介绍计算机操作基本技能为主，兼顾全国计算机等级考试二级办公软件 MS Office 高级应用的改革需求。本书注重计算思维能力的培养，将非计算机专业的计算机教育从使学生掌握计算机的基本知识，提升到使学生熟练掌握计算机操作技能，并具备应用计算机和计算思维解决实际问题的能力。

　　本书分为 6 章，共 17 个实训项目，涵盖计算机基础知识、Windows 7 操作系统、文字处理软件 Word 2010、电子表格软件 Excel 2010、演示文稿软件 PowerPoint 2010、计算机网络应用基础操作等内容。

　　本书突显内容全面、概念准确、实训材料丰富、难易适中、可操作性强的特点，各章内容相对独立，教师可根据实际教学情况进行取舍，以满足不同层次学生的需求。在编写本书的过程中，编者坚持突出科学性、可操作性的原则，以项目教学为主线，力求使学生能看得懂、学得会、做得出，从而达到掌握操作技能的目的。

　　本书由高昱、徐澍、孙君菊任主编，由赵慧、李铁男、杨峰、李良俊任副主编。其中，第 1、2 章由高昱、赵慧、李铁男、杨峰编写，第 3 章由徐澍编写，第 4 章由孙君菊、张于立编写，第 5 章由李竹婷编写，第 6 章由李良俊、余清编写。全书由高昱统稿、审定。

　　由于编者水平有限，加之时间仓促，书中疏漏之处在所难免，恳请广大读者批评指正。

编　者

2017 年 6 月

目　　录

第1章 计算机基础知识

实训项目 鼠标、键盘的正确使用及中文输入法

实训项目　鼠标、键盘的正确使用及中文输入法

【实训要求】

- ✓ 掌握鼠标的基本操作。
- ✓ 掌握键盘上各个键的功能和正确的指法。
- ✓ 熟练掌握一种中文输入法。

【实训内容】

1. 鼠标操作

（1）鼠标简介

Windows 操作系统下的大部分操作可用鼠标来实现，掌握了鼠标的使用，会使日常的工作变得非常简便。因此，要在 Windows 系统下操作计算机就要学会使用鼠标。

当用户在鼠标垫或桌面上移动鼠标时，显示器屏幕上的鼠标指针就会随之移动。通常情况下，鼠标指针是一个小箭头，在一些特殊场合下，其形状会有所改变。

鼠标有三键和两键之分。使用最频繁的是左键，单击、双击、拖动都是通过左键实现的；右击时通常会弹出快捷菜单。两键鼠标如图 1.1 所示。

（2）鼠标的使用

手握鼠标时，不要握得太紧，要使鼠标的后半部分恰好处于掌心下，食指和中指分别轻放在左、右按键上，拇指和无名指轻夹两侧（注意：手指要到位），如图 1.2 所示。

图 1.1　两键鼠标

图 1.2　鼠标的正确握法

（3）鼠标的基本操作

指向：移动鼠标，将鼠标指针移到屏幕的一个特定位置或指定对象。

单击：（将鼠标指向目标位置）快速按一下鼠标左键。

双击：（将鼠标指向目标位置）快速地连续按两下鼠标左键。

右击：（将鼠标指向目标位置）快速按一下鼠标右键。

拖动：（将鼠标指向目标位置）按住鼠标左键不放，并移动鼠标。

2．键盘操作

（1）键区

使用键盘可以将数字、文字和一些特殊的符号输入计算机中，常见的键盘有 104 个键，共分以下 4 个区，如图 1.3 所示。

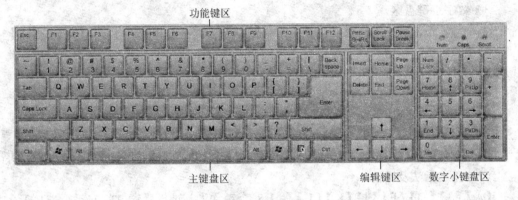

图 1.3　计算机键盘

键盘各区常用键的功能介绍如下：

1）主键盘区。

① 双字符键：包括字母键（可切换大小写形式）、数字键、符号键等 47 个键位，需要【Shift】键配合才能输入键面上方的字符。

② 【Tab】键：制表符键，用来向右移动光标，每按一次向右跳 8 个字符。

③ 【Caps Lock】键：大写字母锁定键。系统默认输入的字母为小写形式，按【Caps Lock】键（指示灯亮），输入的是大写字母，反之输入的是小写字母。

④ 【Shift】键：上挡键，按住【Shift】键再按某个双符号键，则输入该键的上挡字符。按住【Shift】键再按字母键，也能进行大小写字母输入转换。

⑤ 【Ctrl】键、【Alt】键：功能键，一般与其他键组合使用，从而实现某些特定的功能。

⑥ 【Enter】键：回车键，用于换行或输入命令后执行命令。

⑦ 【Backspace】键：退格键，用于删除当前光标左侧的字符。

⑧ 【Space】键：空格键，用于输入空格符。

2）编辑键区。

① 【PrtSc/SysRq】键：复制屏幕键。

② 【Scroll Lock】键：滚动锁定键。

③ 【Pause Break】键：暂停键。

④ 【Insert】键：插入键，可用来切换编辑模式，即在插入、改写之间切换。

⑤ 【Home】键：行首键，用于使光标返回行首。

⑥　【Page Up】键：向上翻页键。

⑦　【Delete】键：删除键，用于删除光标右侧的字符。

⑧　【End】键：行尾键，用于使光标定位到行尾。

⑨　【Page Down】键：向下翻页键。

⑩　光标控制键：←为左移光标键，↑为上移光标键，↓为下移光标键，→为右移光标键。

3）数字小键盘区。

数字键、符号键、编辑键功能与主键盘区、编辑键区的相应键相同。【Num Lock】键为数字锁定键，按下此键，键盘右上方的 Num Lock 指示灯亮，数字键生效；再按此键，指示灯灭，编辑键生效。

4）功能键区。

①　【F1】～【F12】键：在不同的软件系统下各个功能键的作用也不同，具体功能由实际使用的软件决定，常与【Alt】键和【Ctrl】键结合使用。

②　【Esc】键：强行退出键，用于终止程序执行，在编辑状态下用于放弃编辑的数据。

（2）基本指法及键位

【A】【S】【D】【F】【J】【K】【L】【;】8 个键称为基准键，通常将左手小指、无名指、中指、食指分别置于【A】【S】【D】【F】键上，将右手食指、中指、无名指、小指分别置于【J】【K】【L】【;】键上，双手拇指轻置于空格键上，如图 1.4 所示。

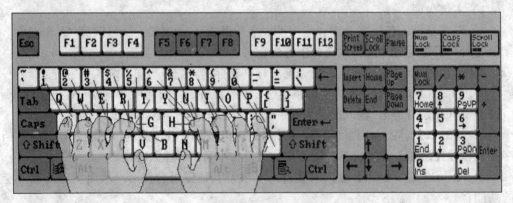

图 1.4　基准键位及手指的键位分工

1）正确的打字姿势。打字之前一定要端正坐姿，如果坐姿不正确，不但影响打字速度，而且容易疲劳导致出错。正确的坐姿：①两脚平放，腰部挺直，两臂自然下垂，两肘贴于腋边；②身体可略前倾，距离键盘 20～30 厘米；③打字文稿放在键盘左边或用专用夹夹在显示器旁边；④打字时眼观文稿，身体不要倾斜。

2）键盘指法练习步骤。

①　将手指放在基准键位上。

②　练习击键。例如要敲击【D】键，方法如下：提起左手离键盘约 2 厘米，中指向下敲击【D】键，其他手指同时稍向上弹开，击键要能听见响声。敲击其他键的方法

与此相同。

③ 练习敲击8个基准键（保持正确的击键方法）。

④ 练习敲击非基准键。例如要敲击【E】键，方法如下：提起左手离键盘约2厘米，整个左手稍向前移，同时用中指向下弹击【E】键，同一时间其他手指稍向上弹开，击键后4个手指迅速回位。注意：右手不要动。敲击其他键的方法与此相同。

⑤ 继续练习，达到即见即打水平（前提是动作要正确）。

3. 认识搜狗拼音输入法

搜狗拼音输入法是常用的一种输入法，其状态条如图1.5所示。

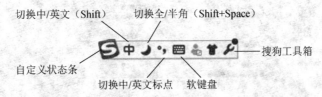

图1.5 搜狗拼音输入法状态条

1）输入方式切换。【Ctrl+Shift】组合键：在已安装的各种输入法之间进行切换。【Ctrl+Space】组合键：在英文输入和中文输入法之间切换。

2）输入词组。如行动（xingdong）、东西（dongxi）可一起输入，再确认词组。

3）选字时要熟练运用键盘上的数字键及编辑键区键位，尽量不要用鼠标。

4）"西安""亲爱的"等词组需用隔音符，如"xi'an""qin'ai'de"。

5）汉字拼音要准确，如步骤（是"buzhou"，非"buzou"）、机械（是"jixie"，非"jijie"）。

6）键盘输入中文标点的方法如表1.1所示。

表1.1 中文标点的输入方法

中文标点	键盘位置	中文标点	键盘位置
顿号（、）	\	书名号（《》）	Shift+< Shift+>
句号（。）	.	破折号（——）	Shift+-
双引号（""）	Shift+"	竖线（|）	Shift+\
单引号（''）	"	省略号（……）	Shift+6
感叹号（！）	Shift+1	间隔符（·）	【Tab】键上方的`

【实例操作】

1. 鼠标练习

（1）指向练习

将鼠标指针分别指向桌面上的"计算机""网络""回收站"等图标。

（2）单击练习

将鼠标指针移动到"计算机"图标上，然后单击，注意观察图标的变化。

（3）双击练习

将鼠标指针移动到"计算机"图标上，然后双击（双击图标即可运行与该图标对应的应用程序，打开相应的窗口），打开"计算机"窗口，如图 1.6 所示。

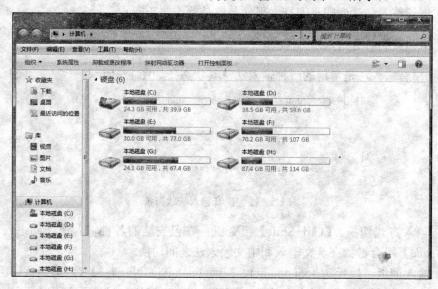

图 1.6　"计算机"窗口

（4）右击练习

将鼠标指针移动到"计算机"图标上，然后右击，将弹出与该图标对应的快捷菜单。

2. 打字练习

练习方法：将十指放在基准键位上，然后依次用每个手指敲击所分管的键，每敲击一个键后，手指回到基准键位。

另外，还可借助金山打字通等软件，利用其提供的英文打字、拼音打字、五笔打字、速度测试、打字教程、打字游戏等功能进行打字知识学习、键位练习、指法练习等。练习中尽量不要看键盘，一开始就应养成盲打的习惯。

【实训练习】

打开"记事本"应用程序，应用搜狗拼音输入法输入以下文字。

马化腾，男，1971 年 10 月 29 日生于广东省汕头市潮南区，腾讯公司主要创办人之一，现担任腾讯公司控股董事会主席兼首席执行官、中华全国青年联合会副主席。他曾在深圳大学主修计算机及应用，并于 1993 年取得学士学位。在创办腾讯公司之前，马化腾曾在中国电信服务和产品供应商深圳润迅通讯发展有限公司主管互联网传呼系统的研究开发工作，在电信及互联网行业拥有 10 多年经验。

1998 年，马化腾和好友张志东注册成立深圳市腾讯计算机系统有限公司。2009 年，腾讯公司入选《财富》"全球最受尊敬 50 家公司"。2014 年，在《3000 中国家族财富榜》中，马化腾以财富 1007 亿元荣登榜首，相比于 2013 年，财富增长了 540 亿元。2015 年 2 月 13 日，马化腾入选 "2014 中国互联网年度人物" 活动获奖名单。2015 年 3 月 2 日，《福布斯》杂志发布 2015 年福布斯中国富豪榜单，马化腾以 161 亿美元位居第 6 位。2015 年 4 月，马化腾荣登《财富》杂志 2015 年 "中国最具影响力的 50 位商界领袖" 排行榜第 2 位。

2

第2章 Windows 7 操作系统

实训项目 1　Windows 7 的基本操作

【实训要求】

✓ 掌握 Windows 7 系统的启动与退出方法。
✓ 掌握 Windows 7 工作环境（桌面、开始菜单、任务栏、窗口、对话框）的设置方法。

【实训内容】

1. Windows 7 的启动与退出

Windows 7 的启动与退出，也就是计算机的开机与关机，注意区分计算机的重启、切换用户、注销和睡眠。

2. Windows 7 工作环境的设置

（1）桌面

Windows 7 系统启动成功后的界面（简称桌面）是用户与操作系统进行对话的场所。桌面由桌面图标、桌面背景、"开始"按钮和任务栏组成。

（2）任务栏的组成与操作

任务栏位于桌面的底部，主要由"开始"按钮、程序按钮区、通知区域和"显示桌面"按钮组成。

（3）对话框

对话框是用户和应用程序之间进行信息交流的界面。在对话框中可以通过选择某个选项或输入数据来达到设置效果。它是一种特殊的窗口，一般不关闭对话框就不能进行本应用程序的其他操作。

（4）菜单

Windows 7 中的菜单主要包括"开始"菜单、下拉菜单、快捷菜单。

菜单符号有以下约定：

按键：表示该命令的快捷键。

☑：表示已将该命令选中并应用。

◉：表示已将该命令选中，其他相关的命令将不能同时被选中。

▶：表示该命令有下一级子菜单。

⋯：表示选择该命令后，将打开一个对话框。

【实例操作】

　　1．在桌面上添加"控制面板"系统图标

　　1）在桌面的空白区域右击，在弹出的快捷菜单中选择"个性化"命令。
　　2）在打开的"个性化"窗口左侧单击"更改桌面图标"链接，如图 2.1 所示；在打开的"桌面图标设置"对话框中选中"控制面板"复选框，如图 2.2 所示。

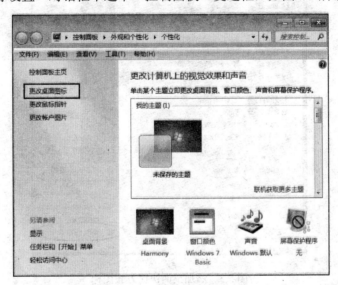

图 2.1　"个性化"设置窗口

图 2.2　桌面图标设置

　　3）单击"确定"按钮，此时桌面上将显示"控制面板"系统图标。

2. 在桌面上添加"画图"程序的快捷方式图标

选择"开始"→"所有程序"→"附件"命令，右击"画图"命令，在弹出的快捷菜单中选择"发送到"→"桌面快捷方式"命令，如图 2.3 所示。这样，桌面上即显示出"画图"快捷方式图标。

图 2.3　添加桌面快捷方式图标

3. 更改图标显示方式

在桌面背景的空白区域右击，在弹出的快捷菜单中选择"查看"命令，可以在弹出的子菜单中选择桌面图标的显示方式，如图 2.4 所示。

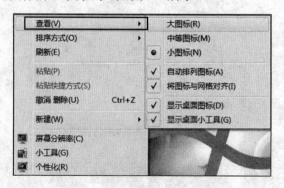

图 2.4　更改桌面图标的显示方式

4. 排列图标

在桌面的空白区域右击，在弹出的快捷菜单中选择"排序方式"命令，在弹出的子菜单中分别选择"名称"、"大小"、"项目类型"或"修改日期"命令即可对桌面图标进行相应方式的排序。

5．重命名图标

将桌面图标"回收站"重命名为"垃圾桶"。

在桌面上右击"回收站"图标，在弹出的快捷菜单中选择"重命名"命令，则图标名称呈可编辑状态，在其中输入新名称"垃圾桶"，按【Enter】键确认。

6．删除图标

删除桌面上的"画图"程序的快捷方式图标。

方法一：单击"画图"程序的快捷方式图标，按【Delete】键。

方法二：右击"画图"程序的快捷方式图标，在弹出的快捷菜单中选择"删除"命令，在弹出的对话框中单击"是"按钮。

注意：以上两种方法是把图标放入了"回收站"中，可以从"回收站"中还原（打开"回收站"窗口，选中被删除的对象，右击，在弹出的快捷菜单中选择"还原"命令）。

方法三：单击"画图"程序的快捷方式图标，按【Shift+Delete】组合键，可不经过"回收站"而将其从计算机中直接删除。

7．Windows 7 的个性化设置

在桌面的空白区域右击，在弹出的快捷菜单中选择"个性化"命令，打开"个性化"窗口，如图 2.1 所示。通过 Windows 7 外观的个性化设置，可以改变 Windows 7 的视觉效果，包括设置桌面背景、设置屏幕保护程序、设置窗口颜色和设置外观主题。

8．将常用程序锁定到任务栏

Windows 7 允许将程序直接锁定到任务栏，以便快捷、方便地打开该程序，而无须通过"开始"菜单。例如，将"计算器"锁定到任务栏的操作方法如下：选择"开始"→"所有程序"→"附件"命令，右击"计算器"命令，在弹出的快捷菜单中选择"将此程序锁定到任务栏"命令，即可将该程序锁定到任务栏。

如果要将已打开的程序锁定到任务栏，可右击任务栏中的程序按钮，选择快捷菜单中的"将此程序锁定到任务栏"命令即可，如图 2.5 所示。

图 2.5　选择"将此程序锁定到任务栏"命令

9. 从任务栏解锁程序

在前文操作的基础上,将"计算器"从任务栏中解锁。

操作步骤:在任务栏的程序按钮区找到"计算器"按钮,右击该按钮,在弹出的快捷菜单中选择"将此程序从任务栏解锁"命令,即可从任务栏中删除该程序的按钮。

10. 调整任务栏的高度

在 Windows 7 中可根据需要改变任务栏的高度。

操作步骤:

1)在任务栏的空白区域右击,在弹出的快捷菜单中选择"锁定任务栏"命令,取消选中该命令前的复选框。

2)将鼠标指针移至任务栏的上边缘,此时鼠标指针变成双箭头形状,按住鼠标左键不放并向上拖动鼠标至合适位置释放,即可将任务栏变高,向下拖动鼠标可将任务栏变低。

11. 设置任务栏的属性

在任务栏的空白区域右击,在弹出的快捷菜单中选择"属性"命令,打开"任务栏和「开始」菜单属性"对话框,如图 2.6 所示,在其中可以设置任务栏的外观。对话框各选项的作用介绍如下。

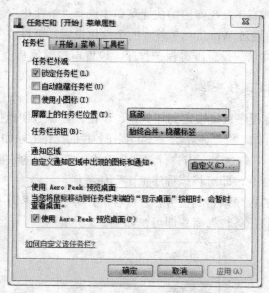

图 2.6 任务栏的属性设置

1)"锁定任务栏"复选框:选中该复选框,任务栏的高度和位置将固定不变,取消选中可改变任务栏的位置和高度。

2）"自动隐藏任务栏"复选框：选中该复选框，任务栏将会自动隐藏（将鼠标指针移到任务栏所在位置，任务栏即可显示出来）。

3）"使用小图标"复选框：选中该复选框，任务栏中的"开始"按钮、其他按钮和图标都将以小图标的方式显示。

4）"屏幕上的任务栏位置"下拉列表框：在 Windows 7 中，任务栏默认位于桌面的底部，可以根据需要对其进行调整，如将任务栏移动到桌面的顶部、左侧或右侧等。

5）"任务栏按钮"下拉列表框：通过选择该下拉列表框中的选项，可调整同一程序的多个按钮的显示方式。

6）"通知区域"选项组：单击该选项组中的"自定义"按钮，可在打开的"通知区域图标"对话框中调整通知区域图标的显示状态。

7）"使用 Aero Peek 预览桌面"复选框：选中后将应用 Aero Peek 效果，即将鼠标指针指向任务栏末尾处的"显示桌面"按钮时将暂时显示桌面。

12. "开始"菜单的组成与操作

（1）"开始"菜单的组成

在 Windows 7 中，几乎所有的操作都可以通过"开始"菜单进行，使用时只需选择相应的命令即可。

单击任务栏左侧的 ⊞ 按钮或按键盘上的【Windows】键，即可打开"开始"菜单，在默认情况下其组成如图 2.7 所示。

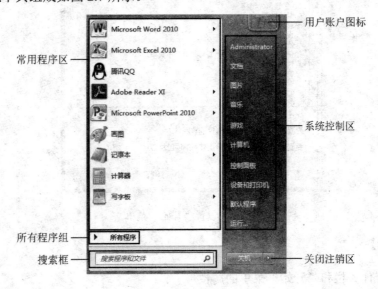

图 2.7　"开始"菜单的组成

系统控制区：显示了"计算机""图片""控制面板"等系统图标，通过该区图标可以管理计算机中的资源，以及安装和删除程序。

所有程序组：其子菜单中显示所有安装在计算机中的程序图标。

搜索框：搜索框是 Windows 7 "开始"菜单的特色之一，通过该文本框可以快速查找需要启动的程序和需要打开的文件。

（2）设置"开始"菜单

"开始"菜单中显示的外观和一些按钮可根据实际操作习惯进行更改。

1）在"开始"按钮上右击，在弹出的快捷菜单中选择"属性"命令。

2）在打开的"任务栏和「开始」菜单属性"对话框中单击"自定义"按钮，打开"自定义「开始」菜单"对话框，如图 2.8 所示。按照以下要求进行设置：①使用大图标；②显示最近使用的项目；③使用鼠标指针在菜单上暂停时打开子菜单。设置完成后单击"确定"按钮。

注意：右击"开始"菜单中不同的项目，可以打开快捷菜单，进行重命名、查看属性等操作。

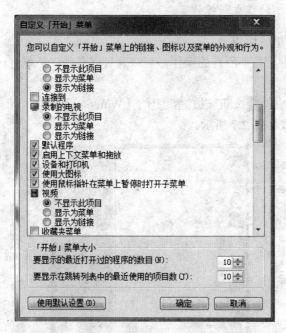

图 2.8 设置"开始"菜单

【实训练习】

1）设置任务栏和"开始"菜单的属性。

2）自动排列或手动排列桌面和窗口内的图标。

实训项目 2　Windows 7 的文件管理

【实训要求】

- ✓ 认识文件和文件夹。
- ✓ 认识 Windows 资源管理器。
- ✓ 掌握文件和文件夹的操作方法。

【实训内容】

文件和文件夹的基本操作在主教材中都有详细介绍，此处不再赘述，只介绍其在计算机中的表现形式。

1）文件：一组有名称的相关信息的集合，其形式如图 2.9 所示。

文件图标————　新建 Microsoft Word 文档.docx————扩展名

文件名

图 2.9　文件的形式

2）文件夹：用于保存和管理计算机中的文件，其形式如图 2.10 所示。

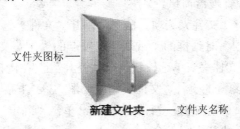

文件夹图标——

新建文件夹——文件夹名称

图 2.10　文件夹的形式

3）文件和文件夹的树形结构如图 2.11 所示。

4）路径：文件存储的位置。

例如，"E:\busy\资料\计划.doc"就是一个文件路径。它指的是，一个 Word 文件"计划"，存储在 E 盘下的"busy"文件夹内的"资料"子文件夹内。若要打开这个文件，按照文件路径逐级找到此文件，即可进行相应的操作。

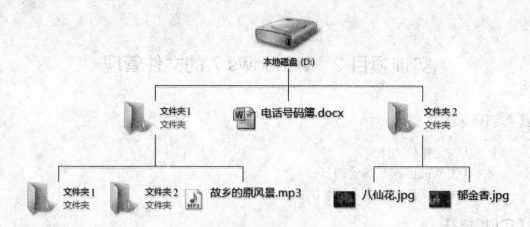

图 2.11　文件和文件夹的树形结构

【实例操作】

1. 浏览方式和显示方式的设置

要求：①设置在不同窗口中打开不同的文件夹，文件夹中要显示所有的文件（包括隐藏文件），且不要隐藏已知文件类型的扩展名；②文件夹窗口底部要显示状态栏；③使具有相同扩展名的文件排列在一起。

操作步骤：

1）右击"开始"按钮，在弹出的快捷菜单中选择"打开 Windows 资源管理器"命令，打开 Windows 资源管理器窗口。

2）选择"工具"→"文件夹选项"命令，打开"文件夹选项"对话框。

3）在"文件夹选项"对话框的"常规"选项卡的"浏览文件夹"区域，选中"在不同窗口中打开不同的文件夹"单选按钮；在"查看"选项卡中，选中"隐藏文件和文件夹"设置下的"显示隐藏的文件、文件夹和驱动器"单选按钮；在"查看"选项卡中，取消选中"隐藏已知文件类型的扩展名"复选框；单击"确定"按钮。

4）选择"查看"→"状态栏"命令。

5）在文件夹窗口中内容窗格的空白区域右击，在弹出的快捷菜单中选择"排列方式"→"类型"命令。

2. 资源管理器的操作

要求：使用资源管理器查看 C 盘下"Program Files"文件夹的属性，了解该文件夹的位置、大小、包含的文件及子文件夹数、建立时间等信息，并写出该文件夹的路径。

操作步骤：

1）右击"开始"按钮，在弹出的快捷菜单中选择"打开 Windows 资源管理器"命令，打开 Windows 资源管理器窗口。

2）在 Windows 资源管理器窗口左窗格单击"计算机"图标，在右侧窗口中双击"本地磁盘 C："图标，在右边的内容窗格中找到"Program Files"文件夹并右击，在弹出的快捷菜单中选择"属性"命令，打开"Program Files 属性"对话框。在该对话框中了解该文件夹的位置、大小、包含的文件及子文件夹数、建立时间等信息，并写出该文件夹的路径。

3. 文件和文件夹的基本操作

（1）选择文件或文件夹

1）选择单个文件或文件夹：只需单击相应的文件或文件夹即可。

2）选择多个文件或文件夹：按住键盘上的【Ctrl】键依次单击文件夹，可以实现多个不连续文件（夹）的选择；按住键盘上的【Shift】键同时单击，可以实现多个连续文件（夹）的选择。

（2）创建文件或文件夹

要求：①在 D 盘根目录下建立"计算机基础练习"文件夹，在此文件夹下建立"文字"和"图片"两个子文件夹；②在"文字"文件夹下建立一个名为"文化考试"的文本文件；③在该文本文件中输入"计算机文化考试注意事项"。

操作步骤：

1）双击桌面上的"计算机"图标，在打开的"计算机"窗口中选中 D 盘并打开（双击 D 的盘符）。

2）在 D 盘窗口空白区右击，在弹出的快捷菜单中选择"新建"→"文件夹"命令，并输入文件夹的名称"计算机基础练习"。

3）双击刚刚建立的"计算机基础练习"文件夹，进入该文件夹窗口，用同样的操作建立"文字"文件夹和"图片"文件夹。

4）双击"文字"文件夹并进入该文件夹窗口，在空白区右击，在弹出的快捷菜单中选择"新建"→"文本文件"命令，并输入文本文件的名称"文化考试"。

注意：如果当前窗口设置为不隐藏已知文件类型的扩展名，则不要将文件名称后由系统自动加上的扩展名.txt 删除。

5）双击新建的文本文件将其打开，输入文字"计算机文化考试注意事项"，选择"文件"→"保存"命令（或者使用【Ctrl+S】组合键保存），并选择"文件"→"退出"命令。

（3）重命名文件或文件夹

要求：在桌面上建立一个文本文件，命名为"我的文件"，修改文件名为"备用档案"。

操作步骤：

1）准备工作：在桌面空白区右击，在弹出的快捷菜单中选择"新建"→"文本文件"命令，并输入文本文件的名称"我的文件"。

2）右击该文本文件，在弹出的快捷菜单中选择"重命名"命令，输入名称"备用档案"，按【Enter】键确认。

（4）复制和移动文件或文件夹

准备工作：预先在 D 盘根目录下建立"源"文件夹和"目标 1"文件夹；在"源"文件夹下建立"文字"和"图片"两个子文件夹，并在"文字"文件夹下建立几个文本文件；在 C 盘根目录下建立"目标 2"文件夹。

要求：将"图片"文件夹复制到"目标 1"文件夹中；将"文字"文件夹下的所有文件复制到"目标 1"文件夹中；再将"文字"文件夹整个移动到"目标 2"文件夹中。

操作步骤：

1）进入"源"文件夹，选中"图片"文件夹，按【Ctrl+C】组合键复制；再进入"目标 1"文件夹，按【Ctrl+V】组合键粘贴。

2）在"源"文件夹中双击"文字"文件夹，按【Ctrl+A】组合键选中全部文件，再按【Ctrl+C】组合键复制；进入"目标 1"文件夹，按【Ctrl+V】组合键粘贴。

4）在"源"文件夹中选中"文字"文件夹，按【Ctrl+X】组合键剪切；再进入"目标 2"文件夹，按【Ctrl+V】组合键粘贴。

（5）删除文件或文件夹

方法一：选中要删除的文件或文件夹，按【Delete】键。

方法二：右击要删除的文件或文件夹，在弹出的快捷菜单中选择"删除"命令。

方法三：选中要删除的文件或文件夹，按【Shift+Delete】组合键。

注意：采用方法一和方法二删除的文件或文件夹被移到"回收站"，采用方法三删除的文件不经过"回收站"而从硬盘直接删除。

（6）还原文件或文件夹

1）双击桌面上的"回收站"图标，打开"回收站"窗口。

2）右击需要还原的文件或文件夹，在弹出的快捷菜单中选择"还原"命令，文件会被还原到被删除前的位置。

（7）设置文件或文件夹属性

要求：在以上实训的基础上，设置"文字"文件夹为共享，所有用户可以读取此文件夹。设置"图片"文件夹的属性为"隐藏"。设置"文字"文件夹下的"文化考试"文件属性为"只读"。

操作步骤：

1）右击"文字"文件夹，在弹出的快捷菜单中选择"共享"→"特定用户"命令，在弹出的"文件共享"对话框中选择共享用户为"everyone"，权限级别为"读取"，单击"共享"按钮。

2）右击"图片"文件夹，在弹出的快捷菜单中选择"属性"命令，打开"图片 属性"对话框，在"常规"选项卡中选中"隐藏"复选框，单击"确定"按钮。

3）打开"文字"文件夹，选中"文化考试"文件，右击该文件，在弹出的快捷菜单中选择"属性"命令，打开"文化考试 属性"对话框，在"常规"选项卡中选中"只读"复选框，单击"确定"按钮。

（8）查找文件或文件夹

要求：①在计算机中搜索文件名中包含字符串"Window"的文件；②在 D 盘中搜索修改日期在 2016 年内、文件扩展名为.docx、文件大小不超过 60KB 的文件；③将搜索结果保存到桌面，文件名为"find"。

操作步骤：

1）打开"开始"菜单，在搜索框中输入"Window"，"开始"菜单中便会显示所有文件名中包含字符串"Window"的文件。

2）选择"开始"→"计算机"命令，在打开的"计算机"窗口中双击 D 盘将其打开，在 D 盘窗口右上角的搜索框中输入"*.docx"，并添加搜索筛选器"修改日期：2016/1/1..2016/12/31 大小:<=60k"，这时窗口中便会显示出 D 盘中修改日期在 2016 年内、文件扩展名为.docx、文件大小不超过 60KB 的所有文件。

3）单击工具栏中的"保存搜索"按钮，在打开的"另存为"对话框的左窗格中选择保存位置为"桌面"，在"文件名"下拉列表框中输入"find"，最后单击"保存"按钮。

【实训练习】

1）在 D 盘根目录下建立一个名称为"资料"的文件夹，并在"D:\资料"文件夹中创建"我的学习"、"我的音乐"和"我的图片"3 个子文件夹。

2）将图片库中的"八仙花.jpg"文件复制到"D:\我的资料\我的图片"文件夹中。

3）选择"D:\我的资料\我的图片"文件夹中的"八仙花.jpg"文件，查看其属性并将属性改为"只读"。

4）搜索 Windows 7 的"计算器"应用程序"calc.exe"，并在桌面上创建它的快捷方式图标"我的计算器"。

5）将"D:\我的资料\我的图片"文件夹中的"八仙花.jpg"文件改名为"美丽的八仙花.jpg"，然后将其删除，再将其恢复。

6）设置文件夹选项，使可以查看标记为"隐藏"的文件、文件夹和驱动器，还可以查看文件扩展名。

实训项目 3　控制面板、附件的基本操作

【实训要求】

✓ 认识 Windows 7 的控制面板。
✓ 认识 Windows 7 常用的附件。

【实训内容】

1. Windows 7 控制面板

选择"开始"→"控制面板"命令，打开"控制面板"窗口，如图 2.12 所示。

1）认识控制面板各组成部分，掌握"控制面板"窗口中各工具的用法。

2）分别选择"查看方式"下拉菜单中的"类别""大图标""小图标"命令，注意"控制面板"窗口的变化。

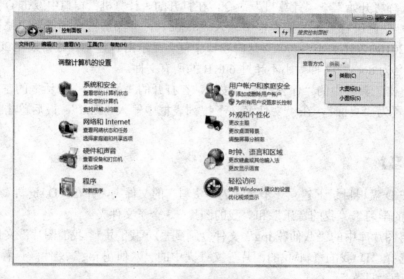

图 2.12 "控制面板"窗口

2. Windows 7 的常用附件

Windows 7 的常用附件有记事本、写字板、画图、截图工具、计算器等。

【实例操作】

1. Windows 7 的控制面板

（1）账户设置

创建一个新账户"myuser"，并为其设置一个密码。

1）打开控制面板，选择"添加或删除用户账户"→"用户账户"→"创建一个新账户"选项，出现如图 2.13 所示的"创建新账户"窗口。

2）在窗口中输入新的账户名称"myuser"，再选择账户类型，单击"创建账户"按钮，之后打开新账户 myuser 窗口，创建密码。

（2）设置时间

设置计算机当前日期为 2017 年 9 月 24 日，时间为 20 点 20 分 08 秒。

1）在控制面板中选择"时钟、语言和区域"选项，打开"日期和时间"对话框。

2）选择"日期和时间"选项卡，单击"更改日期和时间"按钮，在打开的"日期和时间设置"对话框中设置系统当前的日期和时间为 2017 年 9 月 24 日 20 点 20 分 08 秒，如图 2.14 所示。依次单击"日期和时间设置""日期和时间"对话框的"确定"按钮。

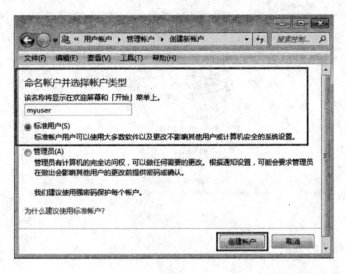

图 2.13 "创建新账户"窗口

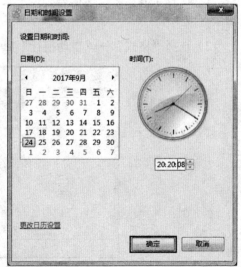

图 2.14 设置系统时间

（3）卸载程序

选择控制面板中的"卸载程序"选项，在打开的"程序和功能"窗口中选择要卸载的程序，单击"卸载"按钮，如图 2.15 所示。

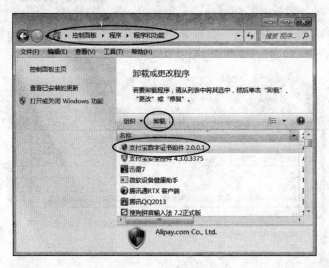

图 2.15 卸载程序

2. Windows 7 的常用附件

（1）"记事本"程序的使用

利用"记事本"应用程序，在桌面上创建一个名为"习题.txt"的文本文件，任意输入一段文字，设置自动换行功能。

1）选择"开始"→"所有程序"→"附件"→"记事本"命令，打开"记事本"程序。

2）选择"格式"→"自动换行"命令，如图 2.16 所示。

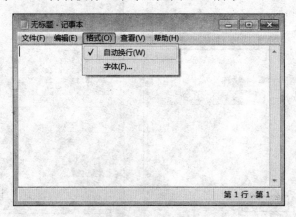

图 2.16 "记事本"窗口

3）任意输入一段文字后按【Ctrl+S】组合键，在打开的"另存为"对话框中选择保存位置为桌面，文件名为"习题"，保存类型采用默认设置。

（2）"画图"程序的使用

利用"画图"程序，创建名为"HT.bmp"的图片文件，绘制如图 2.17 所示的图形，图形中的圆圈用黄色填充，正方形内的三角形用红色填充，正方形内的其余颜色用蓝色填充，保存在 D 盘根目录下。

图 2.17　图例

1）选择"开始"→"所有程序"→"附件"→"画图"命令，打开"画图"窗口，如图 2.18 所示。

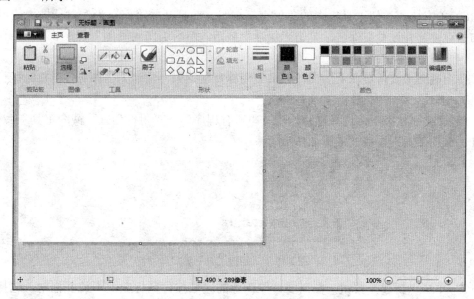

图 2.18　"画图"窗口

2）使用"铅笔"、"直线"或"多边形"工具，画出三角形。

3）选择"矩形"工具，按住【Shift】键向右下方拖动鼠标画出正方形。

4）选择"椭圆"工具，向右下方拖动鼠标画出椭圆。

5）选择"颜色填充"工具，填充各图像中要求的颜色。

6）选择"文件"→"保存"命令，打开"另存为"对话框，在"保存位置"下拉列表框中选择 D 盘，在"文件名"下拉列表框中输入"HT.bmp"，单击"保存"按钮即可保存文件。

7）单击"画图"窗口的"关闭"按钮关闭"画图"程序。

（3）截屏、"写字板"和"画图"程序的综合使用

要求：①对桌面进行截屏；②将截取的画面分别粘贴到"写字板"和"画图"程序中；③在"画图"程序中对画面进行水平翻转；④保存文件至"我的文档"，文件名自定，文件类型用默认设置。

操作步骤：

1）显示桌面，按【PrtSc/SysRq】键，进行截屏。

2）选择"开始"→"所有程序"→"附件"→"写字板"命令，打开"写字板"程序。按【Ctrl+V】组合键粘贴截取的画面至写字板。

3）单击快速访问工具栏中的"保存"按钮，在打开的"保存为"对话框中使用默认的保存位置并设置文件名，单击"保存"按钮，然后关闭"写字板"程序。

4）选择"开始"→"所有程序"→"附件"→"画图"命令，打开"画图"程序。按【Ctrl+V】组合键粘贴截取的画面至"画图"程序。

5）选择"画图"程序"主页"选项卡下的"图像"→"旋转"→"水平翻转"命令。

6）单击快速访问工具栏中的"保存"按钮，在打开的"保存为"对话框中使用默认的保存位置并设置文件名，单击"保存"按钮，然后关闭"画图"程序。

（4）截图工具的使用

使用截图工具将桌面上的"计算机"图标截取下来，命名为"图标1"并保存到桌面上。

1）在桌面状态下，选择"开始"→"所有程序"→"附件"→"截图工具"命令，打开"截图工具"窗口，如图2.19所示。

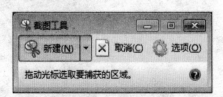

图2.19   "截图工具"窗口

2）单击"新建"按钮，在需要截取图像的区域按住鼠标左键不放并拖动，选择截取范围后释放鼠标。

3）返回"截图工具"窗口，该窗口中会显示所截取的图像，按【Ctrl+S】组合键，在打开的"另存为"对话框中选择保存的位置为桌面，保存的名称为"图标1"，保存类型默认，单击"保存"按钮，然后关闭截图工具。

3. Windows Live Movie Maker 影音制作

Windows Live Movie Maker 是 Windows Vista 及以上版本附带的一个影视剪辑软件，可以将照片、视频剪辑和音乐组合成一部精彩的电影并联机发布。也可从官网下载

Windows Live 软件包后安装。

操作步骤：

1）准备素材。准备要进行影音制作的素材，格式需要选择该软件支持的格式，常见的有.avi、.wmv、.wav、.wma、.mp3、.bmp、.jpg、.gif 等，其他格式可以用视频格式转换软件进行转换。

2）导入素材。单击"开始"选项卡→"添加"选项组→"添加视频和照片"按钮，在打开的"添加视频和照片"对话框中选择需要的图片并打开，选中的图片会出现在窗口的右侧，在列表中可以随意更换图片顺序。

3）编辑素材。

① 单击"开始"选项卡→"添加"选项组→"描述"按钮，可以为选中的图片添加描述性文本。这时在窗口上方出现一个"文本工具的标签"，可以在其中为每张图片的字幕编辑显示形式，包括字幕出现形式、时间、字体、透明度等。

② 在"开始"选项卡的"轻松制作主题"选项组中可以设置图片或视频的过滤效果。

③ 选择"动画"选项卡，设置图片的过滤特效和平移、缩放。

④ 选择"视觉"选项卡，设置图片的视觉效果。

⑤ 选择"项目"选项卡，可以为自己制作的短片设置播放纵横比。

⑥ 选择"查看"选项卡，设置图片或视频编辑区的缩略图大小和全屏预览方式。

4）制作片头和片尾。单击"添加"选项组中的"片头"按钮或"片尾"按钮，可以为影片添加片头或片尾。

5）添加音乐。单击"开始"选项卡→"添加"选项组→"添加音乐"按钮，可以添加音乐并设置音乐的淡入、淡出效果，同时可以设置音乐插入的时间、时间段。

6）制作完成，保存影片。单击"开始"选项卡→"共享"选项组→"保存电影"按钮，选择需要的格式保存。

7）网络共享。在"开始"选项卡的"共享"选项组中，根据需要选择影片共享的方式。

【实训练习】

1）在 D 盘根目录下新建一个考生文件夹，以自己的班级和姓名命名（如"2017 护理高明"）。

2）在考生文件夹中建立"ex1"文件夹和"ex2"文件夹，并在"ex1"文件夹中建立名为"bus"的文本文件和名为"stack"的 BMP 图像文件。

3）将"ex1"文件夹中的"bus"文件移动到"ex2"文件夹中，并设置其属性为"只读"。

4）将"ex1"文件夹中的"stack"文件不经回收站删除。

5）搜索 D 盘考生文件夹下名称的第二个字符为 x 的文件和文件夹。

3

第 3 章 文字处理软件 Word 2010

实训项目 1   Word 2010 的基本操作

【实训要求】

✓ 掌握 Word 2010 的启动和退出方法。
✓ 熟悉 Word 2010 的窗口组成和操作。
✓ 掌握 Word 2010 文档的建立和保存方法。
✓ 掌握 Word 2010 文档的基本编辑方法。

【实训内容】

1. Word 2010 的启动

启动 Word 2010 有多种方式，常见的有以下几种。

1）从"开始"菜单启动 Word 2010。选择"开始"→"所有程序"→"Microsoft Office"→"Microsoft Word 2010"命令，可以启动 Word 2010。

2）从桌面快捷方式启动 Word 2010。在桌面上创建一个 Word 2010 快捷方式，双击该快捷方式图标启动。

3）通过文档打开 Word 2010。双击已存在的 Word 2010 文档，可以启动 Word 2010。

2. Word 2010 的退出

退出 Word 2010 有以下几种常见方法。

1）单击 Word 2010 窗口标题栏右上角的"关闭"按钮 ◻ ✗ 。

2）双击 Word 2010 窗口标题栏左上角的控制图标 W 。

3）单击控制图标，选择控制菜单中的"关闭"命令。

4）单击"文件"按钮，选择其中的"退出"命令。

5）通过【Alt+F4】组合键关闭。

3. Word 2010 的窗口界面

Word 2010 相对于旧版本的 Word 窗口界面而言，更美观、更实用。在 Word 2010 中，选项卡与选项组替代了传统的菜单栏与工具栏，"文件"选项卡替代了 Word 2007 "Office 按钮"的功能，使其整体设置更具有实用性。启动 Word 2010 以后，打开的用户界面如图 3.1 所示。

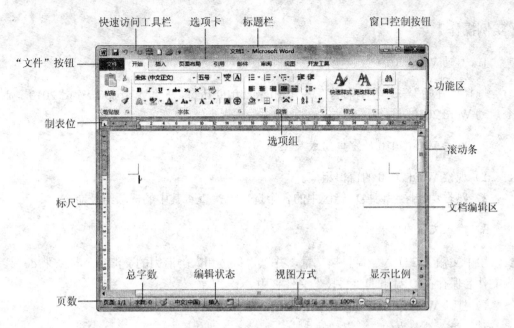

图 3.1　Word 2010 的用户界面

　　标题栏位于整个 Word 2010 用户界面的顶端，用于显示应用程序名称（Microsoft Word）和当前文档的名称。标题栏左端是控制图标，单击该图标可打开控制菜单，可以控制 Word 窗口的大小、移动及关闭窗口。标题栏右端是最小化按钮、最大化/向下还原按钮和关闭按钮。

　　快速访问工具栏位于控制图标右侧，主要放置一些常用的命令按钮，单击其右端的下拉按钮，可以添加或删除其中的命令按钮。

　　Word 2010 中包括"开始"、"插入"、"页面布局"、"引用"、"邮件"、"审阅"、"视图"和"开发工具" 8 个选项卡。直接单击选项组中的命令按钮便可以实现对文档的编辑操作。

　　制表位位于编辑区的左上角，主要用来定位数据的位置与对齐方式。

　　Word 2010 提供了水平标尺和垂直标尺，利用标尺可以设置页边距、字符缩进和制表位。垂直标尺只有使用页面视图或在打印预览页面显示文档时，才会出现在 Word 工作区的最左侧。

　　滚动条包括垂直滚动条和水平滚动条，文档页面的高度或宽度超过屏幕的高度或者宽度时，会出现滚动条。使用滚动条水平或者垂直滚动页面，用户可以看到文档的不同部位。滚动条上的滑块指明了当前插入点在整个文档中的位置。

　　状态栏位于 Word 2010 窗口的底部，用来显示当前正在窗口中查看的内容的状态、插入点所在的页数和位置，以及文档的上下文信息。

【实例操作】

1. 启动 Word 2010

选择"开始"→"所有程序"→"Microsoft Office"→"Microsoft Word 2010"命令启动 Word 2010。

2. 熟悉 Word 2010 的窗口组成及操作

1）观察 Word 2010 的窗口组成。
2）熟悉功能区。切换功能区中的各个选项卡，查看其中的选项组及命令。

3. 输入文字内容

用中文输入法输入一篇科技文章，并以"科技和人类潜力的交汇点就是未来.docx"为文件名保存在 D 盘下的"科技"文件夹中。

1）打开 Word 2010，在文档编辑区输入下面的文字。

科技和人类潜力的交汇点就是未来

新浪科技讯 北京时间 6 月 1 日凌晨消息，有"互联网女皇"之称的凯鹏华盈风投合伙人玛丽·米克尔（Mary Meeker）周三公布了年度《互联网趋势报告》，这份报告相当于科技行业的"国情咨文"。这是她第 22 次公布这一年度互联网报告。

这份备受市场期待的报告辑录了信息量最大的研究结果，其中包括哪些板块获得了融资、互联网采用率的进展情况、哪些用户界面正在引发共鸣，以及未来的大事件将是什么等。

智能手机魔力减退

手机的市场已经饱和了？报告显示，2016 年全球互联网用户数量已超过 34 亿，在 2016 年，苹果公司丢掉了中国智能手机的单品销量第一——这是过去五年以来的第一次。如此成绩也不免让人怀疑——苹果是否正在失去它的魔力？

万幸，市场对 iPhone 8 依然抱有期待。对于用户来说，简单的配置升级已经难以满足他们的胃口。革命性的升级，这是苹果和安卓厂商要共同面对的挑战。

在线广告夺下 No.1

自诞生之日起，移动广告就在以惊人的速度追赶着传统电视广告，在 2010 年后更是迅速收紧了豁口——不久后，两者的交叉点将要到来。报告显示，2016 年全球网络广告支出达 370 亿美元，增长 22%，超过了 2015 年的增速。预计在未来 6 个月内，网络广告支出将超越电视广告。

从电商到新零售

也许这并不能称为巧合——从一年前开始，电商不再被频繁提及，取而代之的是"新零售"这样摸不到头脑的名词。互联网女皇报告为新零售增加了几个注释——

用户社区

内容营销

线上线下协同

减少创新品类

全民游戏时代

2016 年，中国超越美国成为全球第一大游戏市场，2017 年中国游戏收入也将超过 270 亿美元。腾讯和网易是全球移动 MOBA 和 MMORPG 游戏的领军者。腾讯旗下的《王者荣耀》拥有 5000 万日活用户和超过 30 亿美元的年流水，网易则缔造了现象级爆款《阴阳师》，以及其他国产手游。

数字领袖

媒体正在被改造。更好的用户体验和更低的价格，是媒体的改造方向。改造工具就是数据和规模。2016 年，在音乐方面，消费者更愿意为流媒体买单，免费试用转换、去广告、移动端访问等是驱动他们付费的主因。

付费电视服务正在被退订，高昂的价格是消费者最为不满的，他们大多转投向了更廉价便捷的互联网媒体服务。

未来：潜力与计算力

可以预见，未来某一天，科技的便捷将浸入人类的每一刻生活之中。养尊处优下的智能衰退是科幻作品中极为乐于描绘的情景。不过于依赖数据和科技产品，重新重视人类的潜力，这也是科技公司为自己敲响的警钟。不过至少从目前而言，人类的潜力还是要用来将前者完善到人工智能的地步。

2）选择"文件"→"另存为"命令，或单击快速访问工具栏中的"保存"按钮，打开"另存为"对话框，如图 3.2 所示。

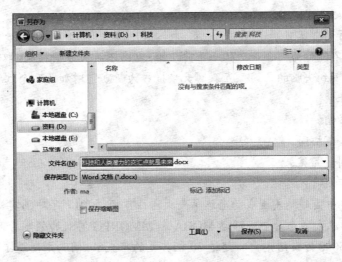

图 3.2　"另存为"对话框

3）在"保存位置"下拉列表框中选择自己在 D 盘建立的文件夹，在"文件名"下拉列表框中输入文件名"科技和人类潜力的交汇点就是未来"，在"保存类型"下拉列表框中选择文件类型"Word 文档（*.docx）"，单击"保存"按钮。

4）编辑文章。对正文内容进行简单分段。把光标移到所需分段处，在"插入"编辑状态下，按【Enter】键进行换行分段，最终样式如下：

科技和人类潜力的交汇点就是未来

新浪科技讯 北京时间 6 月 1 日凌晨消息，有"互联网女皇"之称的凯鹏华盈风投合伙人玛丽·米克尔（Mary Meeker）周三公布了年度《互联网趋势报告》，这份报告相当于科技行业的"国情咨文"。这是她第 22 次公布这一年度互联网报告。

这份备受市场期待的报告辑录了信息量最大的研究结果，其中包括哪些板块获得了融资、互联网采用率的进展情况、哪些用户界面正在引发共鸣，以及未来的大事件将是什么等。

1. 智能手机魔力减退

手机的市场已经饱和了？报告显示，2016 年全球互联网用户数量已超过 34 亿，在 2016 年，苹果公司丢掉了中国智能手机的单品销量第一——这是过去五年以来的第一次。如此成绩也不免让人怀疑——苹果是否正在失去它的魔力？

万幸，市场对 iPhone 8 依然抱有期待。对于用户来说，简单的配置升级已经难以满足他们的胃口。革命性的升级，这是苹果和安卓厂商要共同面对的挑战。

2. 在线广告夺下 No.1

自诞生之日起，移动广告就在以惊人的速度追赶着传统电视广告，在 2010 年后更是迅速收紧了豁口——不久后，两者的交叉点将要到来。报告显示，2016 年全球网络广告支出达 370 亿美元，增长 22%，超过了 2015 年的增速。预计在未来 6 个月内，网络广告支出将超越电视广告。

3. 从电商到新零售

也许这并不能称为巧合——从一年前开始，电商不再被频繁提及，取而代之的是"新零售"这样摸不到头脑的名词。互联网女皇报告为新零售增加了几个注释——

1）用户社区。

2）内容营销。

3）线上线下协同。

4）减少创新品类。

4. 全民游戏时代

2016 年，中国超越美国成为全球第一大游戏市场，2017 年中国游戏收入也将超过 270 亿美元。腾讯和网易是全球移动 MOBA 和 MMORPG 游戏的领军者。腾讯旗下的《王者荣耀》拥有 5000 万日活用户和超过 30 亿美元的年流水，网易则缔造了现象级爆款《阴阳师》，以及其他国产手游。

5. 数字领袖

媒体正在被改造。更好的用户体验和更低的价格，是媒体的改造方向。改造工具就是数据和规模。2016年，在音乐方面，消费者更愿意为流媒体买单，免费试用转换、去广告、移动端访问等是驱动他们付费的主因。

付费电视服务正在被退订，高昂的价格是消费者最为不满的，他们大多转投向了更廉价便捷的互联网媒体服务。

6. 未来：潜力与计算力

可以预见，未来某一天，科技的便捷将浸入人类的每一刻生活之中。养尊处优下的智能衰退是科幻作品中极为乐于描绘的情景。不过于依赖数据和科技产品，重新重视人类的潜力，这也是科技公司为自己敲响的警钟。不过至少从目前而言，人类的潜力还是要用来将前者完善到人工智能的地步。

5）单击快速访问工具栏中的"保存"按钮，或选择"文件"→"保存"命令保存文档。

4. 编辑保存文件

用中文输入法输入下面的文字，然后以"相信.doc"为文件名保存在相应的文件夹中，并关闭此文档。操作方法如下：

1）打开 Word 2010，在文档编辑区输入下面的文字。

卢新宁在北大中文系毕业典礼上的致辞（节选）

敬爱的老师和亲爱的同学们：

上午好！

谢谢你们叫我回家，让我有幸再次聆听老师的教诲，分享我亲爱的学弟学妹们的特殊喜悦。

一进家门，光阴倒转，刚才那些美好的视频、同学的发言、老师的讲话，都让我觉得所有年轻的故事都不曾走远。可是，站在你们面前，亲爱的同学们，我才发现，自己真的老了。1988年，我本科毕业的时候，你们中的绝大多数人还没有出生。那个时候你们的朗朗部长还是众女生仰慕的帅师兄，你们的渭毅老师正与我的同屋女孩爱得地老天荒，而他们的孩子都该考大学了。

……

我唯一的害怕，是你们已经不相信了——不相信规则能战胜潜规则，不相信学场有别于官场，不相信学术不等于权术，不相信风骨远胜于媚骨。你们或许不相信了，因为追求级别的越来越多，追求真理的越来越少；讲待遇的越来越多，讲理想的越来越少；大官越来越多，大师越来越少。因此，在你们走向社会之际，我想说的只是，请看护好你曾经的激情和理想。在这个怀疑的时代，我们依然需要信仰。

我知道，与我们这一代相比，你们这一代人的社会化远在你们踏上社会之前就已经开始了，国家的盛世集中在你们的大学时代，但社会的问题也凸显在你们的青春岁月。

你们有我们不曾拥有的机遇，但也有我们不曾经历的挑战。

文学理论无法识别"毒奶粉"的成分，古典文献挡不住地沟油的泛滥。当利益成为唯一的价值，很多人把信仰、理想、道德都当成交易的筹码，我很担心，"怀疑"会不会成为我们时代否定一切、解构一切的"粉碎机"？我们会不会因为心灰意冷而随波逐流，变成钱理群先生所言"精致利己主义"，世故老到，善于表演，懂得配合？而北大会不会像那个日本年轻人所说的，"有的是人才，却并不培养精英"？

……

从母校的教诲出发，20多年社会生活给我的最大启示是：当许多同龄人都陷于时代的车轮下，那些能幸免的人，不仅因为坚强，更因为信仰。

不用害怕圆滑的人说你不够成熟，不用在意聪明的人说你不够明智，不要照原样接受别人推荐给你的生活，选择坚守，选择理想，选择倾听内心的呼唤，才能拥有最饱满的人生。

梁漱溟先生写过一本书《这个世界会好吗？》。我很喜欢这个书名，它以朴素的设问提出了人生的大问题。这个世界会好吗？事在人为，未来中国的分量和质量，就在各位的手上。

最后，我想将一位学者的话送给亲爱的学弟学妹——无论中国怎样，请记得：你所站立的地方，就是你的中国；你怎么样，中国便怎么样；你是什么，中国便是什么；你有光明，中国便不再黑暗。（卢新宁，人民日报社副总编辑）

2）选择"文件"→"另存为"命令，或单击快速访问工具栏中的"保存"按钮，打开"另存为"对话框，在"保存位置"下拉列表框中选择自己的文件夹，在"文件名"下拉列表框中输入文件名"相信"，在"保存类型"下拉列表框中选择文件类型"Word文档（*.docx）"，单击"保存"按钮。选择"文件"→"退出"命令，退出 Word。

【实训练习】

1）输入以下文字并存入 D 盘"学生"文件夹下的"古诗.docx"文件中。

《金铜仙人辞汉歌》

茂陵刘郎秋风客，夜闻马嘶晓无迹。
画栏桂树悬秋香，三十六宫土花碧。
魏官牵车指千里，东关酸风射眸子。
空将汉月出宫门，忆君清泪如铅水。
衰兰送客咸阳道，天若有情天亦老。
携盘独出月荒凉，渭城已远波声小。

2）输入以下内容（段首暂不要空格），并以"可燃冰.docx"命名（保存类型为"Word文档"）保存在 D 盘的"科技"文件夹中，然后关闭该文档。

国土资源部中国地质调查局 18 日在南海宣布，我国正在南海北部神狐海域进行的可燃冰试采获得成功，这标志着我国成为全球第一个实现了在海域可燃冰试开采中获得连续稳定产气的国家。随后，中共中央、国务院对海域天然气水合物试采成功发去贺电，贺电指出，这是在掌握深海进入、深海探测、深海开发等关键技术方面取得的重大成果，是中国人民勇攀世界科技高峰的又一标志性成就，对推动能源生产和消费革命具有重要而深远的影响。昨天，记者采访了中国石油大学（华东）石油工程学院副教授、硕士生导师孙致学，给大家解读这个"未来能源之星"。

什么是可燃冰？

"可燃冰是天然气水合物，天然气水合物是由水分子在高压和低温环境下捕获住天然气分子而形成的似冰状结晶态化合物。因其遇火即可燃烧，故又名'可燃冰'。"孙致学告诉记者，天然气水合物具有的笼形结构与一般的晶体化合物结构不同，它只是简单的分子物理组合，因此不具有严格的理论化学式，天然气水合物这种气体分子主要为甲烷，此外，还可以存在乙烷、丙烷等。

记者了解到，可燃冰的形成要满足三个条件：①温度不能太高。海底的温度在 2~4℃，适合天然气水合物的形成，高于 20℃就分解。②压力要足够大。在 0℃时，只需要 30 个大气压就可形成水合物。海深每增加 10 米，压力就增大 1 个大气压，因此海深 300 米就可达到 30 个大气压，海越深压力就越大，天然气水合物就越稳定。③要有甲烷气源。海底古生物遗骸的沉积物被细菌分解会产生甲烷，或者天然气在地球深处产生并不断进入地壳。在上述三个条件都具备的情况下，天然气可与水生成天然气水合物，分散在海底岩层的空隙中。自然界中天然气水合物的稳定性取决于温度、压力及气—水组分之间的相互关系。在全球最有可能形成天然气水合物的区域是高纬度的冻土层和海底大陆架斜坡。

3）打开"可燃冰.docx"文件，在文本的最前面插入一行标题："原来你是这样的可燃冰 早报解读未来能源之星"。然后在文本的最后另起一段，输入以下内容，并以"原来你是这样的可燃冰，早报解读未来能源之星.doc"为文件名，保存类型为".doc"，保存在桌面上。

"天然气水合物作为未来的一种洁净能源，是一种燃烧热值更高、污染更小更清洁、更方便利用的新型潜力能源。"孙致学说。燃烧热值是指物质与氧气进行燃烧反应时放出的热量。它一般用单位质量或体积的燃料物质在燃烧时放出的能量来进行计量。在日常生活中常见的燃料有汽油、柴油、酒精、木材、煤、天然气等，而以甲烷为主的天然气水合物的燃烧值很高，是我国使用量最大的能源材料煤的 2~3 倍；可燃冰的使用又很方便，天然气水合物可以通过冷却、压缩处理成液化天然气，从而做到所占空间更小，不管是管道运输还是交通运输都更方便。

实训项目2 文字的编辑与排版

【实训要求】

✓ 掌握文档中字符格式的设置方法。
✓ 掌握文档中段落格式的设置方法。
✓ 掌握项目符号和编号的设置方法。
✓ 掌握样式的应用和格式刷的使用方法。
✓ 掌握查找和替换功能的使用方法。
✓ 掌握首字下沉及分栏的设置方法。
✓ 掌握文档页面布局的设置方法。

【实训内容】

1. 字符格式的设置

通过"开始"选项卡中的"字体"选项组，可以设置字体、字号、字形、字体颜色等，如图 3.3 所示；还可以选中文字后右击，在弹出的快捷菜单中选择"字体"命令，打开"字体"对话框进行设置，如图 3.4 所示。

2. 字符间距的设置

字符间距是指相邻字符间的距离，字符缩放是指字符的宽高比例，以百分数来表示。单击"开始"选项卡中的"字体"选项组右下角的对话框启动器按钮，或者选择文字后右击，在弹出的快捷菜单中选择"字体"命令，打开"字体"对话框，选择"高级"选项卡，如图 3.5 所示。

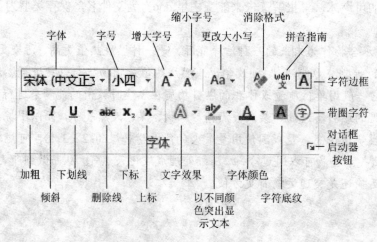

图 3.3 "字体"选项组

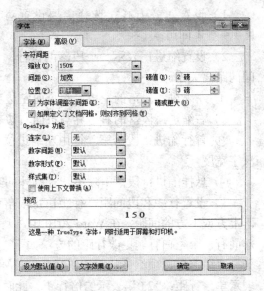

图 3.4 "字体"对话框   图 3.5 "字体"对话框中的"高级"选项卡

3. 段落格式的设置

设置段落对齐方式、段落缩进、行距与段落间距、底纹和边框可进行如下操作：直接在"开始"选项卡中的"段落"选项组中设置，如图 3.6 所示；也可以选择要设置的段落并右击，在弹出的快捷菜单中选择"段落"命令，打开"段落"对话框进行设置，如图 3.7 所示。

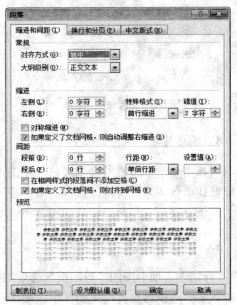

图 3.6 "段落"选项组   图 3.7 "段落"对话框

1）设置对齐方式：选择需要设置对齐方式的段落，单击相应的对齐方式按钮 ▤▤▤▤▤ 即可。

2）设置缩进：表示一个段落的首行、左边和右边距离页面左边和右边以及相互之间的距离关系。

① 左缩进：段落的左边界与页面左边界之间的距离。

② 右缩进：段落的右边界与页面右边界之间的距离。

③ 首行缩进：段落第一行由左缩进位置向内缩进的距离，中文习惯首行缩进两个汉字宽度。

④ 悬挂缩进：段落中除第一行以外的其余各行由左缩进位置向内缩进的距离。

3）设置行距和段间距：行距决定段落中各行文字之间的垂直距离。段间距决定段落上方或下方的间距。在 Word 2010 中，大多数快速样式集的默认行间距为 1.15 行，段落间有一个空白行。更改行距的方法如下：选择要更改行距的段落，单击"开始"选项卡→"段落"选项组→行距按钮 ▤ ，在弹出的下拉菜单中选择所需的行距即可。"1.0"表示单倍行距；"2.0"表示二倍行距。此时若选择"行距选项"命令，可在打开的"段落"对话框中设置所需的行距和段间距。

4）设置底纹：选中要添加底纹的文本或对象，单击"段落"选项组中的底纹下拉按钮（图 3.8），在弹出的下拉菜单中选择所需的颜色，或选择"其他颜色"命令进行设置。

5）设置下划线和边框：选择要添加下划线或边框的文本或对象，单击"段落"选项组中的边框下拉按钮（图 3.9），在弹出的下拉菜单中选择所需的框线；或选择"边框和底纹"命令，在打开的"边框和底纹"对话框中进行设置。

图 3.8　设置底纹按钮

图 3.9　设置边框按钮

4. 项目符号和编号的设置

选择需要增加项目符号的段落，单击"段落"选项组中的"项目符号"按钮，段前出现默认项目符号；也可以单击"项目符号"按钮右侧的下拉按钮，选择不同的项目符号，或定义新项目符号。编号的设置方法与项目编号类似，不再赘述。

5. 格式刷的使用

"开始"选项卡中的"剪贴板"选项组中有一个"格式刷"按钮 格式刷 。在使用格式刷时，要先选中已设置格式的文字、段落或图片，再单击"格式刷"按钮，然后选中需要应用格式的文字或段落即可。双击"格式刷"按钮，则格式刷可以多次使用。

图 3.10　"项目符号"下拉菜单

6. 文档中样式的应用

应用样式："开始"选项卡的"样式"选项组中有正文、标题等样式，单击相应的按钮可以将样式应用于已选择的文本。

定义新样式：将文本的字体和段落格式设置为自己需要的样式，然后单击"样式"选项组中的下拉按钮，选择"创建样式"命令，在打开的对话框中输入样式名即可。

清除样式：选取需要清除样式的文本，选择"样式"选项组中的"清除格式"命令即可。

更改样式：单击"样式"选项组中的"更改样式"按钮，在弹出的下拉菜单中选择"样式集"子菜单中的相应命令；在下拉菜单中选择"设为默认值"命令，可以将当前样式设置为默认样式。

7. 查找与替换

1）单击"开始"选项卡→"编辑"选项组→"查找"按钮，在导航窗格输入要查找的内容，按【Enter】键即可。或者单击"查找"按钮，在弹出的下拉菜单中选择"高级查找"命令，打开"查找和替换"对话框，如图 3.11 所示。输入要查找的内容，然后单击"查找下一处"按钮即可。如果是在一部分文档中进行查找，必须先选定这部分内容，然后打开对话框。

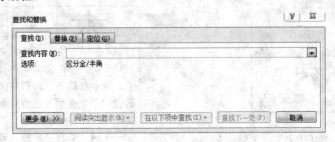

图 3.11　"查找和替换"对话框

2）如果要替换指定内容，选择"替换"选项卡，并在"替换为"下拉列表框中输入要替换的内容。

3）如果要查找和替换带有格式、特殊字符的文本，可以单击"查找和替换"对话框中的"更多"按钮，这时将展开更多选项，如图 3.12 所示，在其中可以对"查找内容"和"替换为"的格式或特殊字符进行设置。

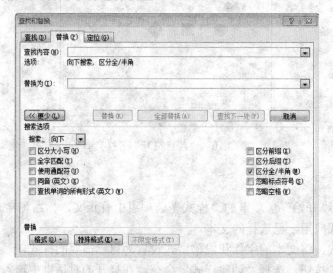

图 3.12　"查找和替换"对话框的更多选项

4）单击"替换"按钮，Word 将把找到的内容替换为新的内容。如果单击"全部替换"按钮，Word 会查找整个文档，并全部替换。

8. 首字下沉

首字下沉是指将段落首行的第一个字符增大，使其占据两行或多行位置，如图 3.13 和图 3.14 所示。

图 3.13　"首字下沉"对话框　　　　图 3.14　"首字下沉"效果

9. 分栏

首先选中要分栏的文字，然后在"页面布局"选项卡中单击"分栏"按钮，弹出如图 3.15 所示的下拉菜单，选择相应命令按默认设置分栏，或选择"更多分栏"命令进行详细设置。

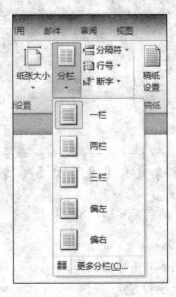

图 3.15　分栏

10. 页面设置

可在"页面布局"选项卡中设置页边距、纸张方向、纸张大小、页面颜色和背景等，如图 3.16 所示。

图 3.16　"页面布局"选项卡

【实例操作】

使用 Word 2010 设计一张邀请函，效果如图 3.17 所示。

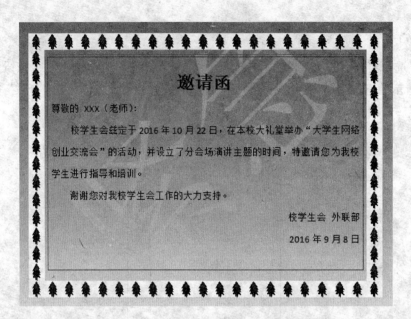

图 3.17　邀请函

（1）创建文档

创建新文档，输入文档内容并进行格式编辑。

（2）设置纸张页边距、大小和方向

1）单击"页面布局"选项卡→"页面设置"选项组→"页边距"按钮，如图 3.18 所示。在弹出的下拉菜单中选择"普通"类型，如图 3.19 所示；如果想要自己定义页边距，可以选择"自定义页边距"命令，打开"页面设置"对话框，如图 3.20 所示。

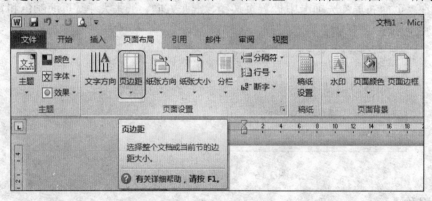

图 3.18　"页边距"按钮

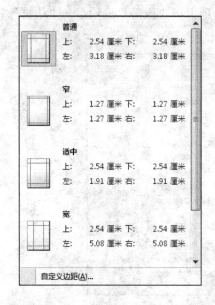

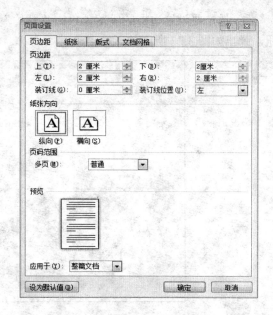

图 3.19　"页边距"下拉菜单　　　　　图 3.20　"页面设置"对话框

2）设置纸张方向。要使文档达到纵向或者横向布局，就需要进行纸张方向的设置，设置方法如下：单击"页面布局"选项卡→"页面设置"选项组→"纸张方向"按钮，然后在弹出的下拉菜单中选择自己需要的纸张方向，这里选择"横向"，如图 3.21 所示。

图 3.21　设置纸张方向

3）设置纸张大小。设置不同的纸张大小可以得到不同的打印效果，也可在不同的纸张大小下保持文档的完整性。

使用"页面设置"对话框设置：单击"页面布局"选项卡→"页面设置"选项组→对话框启动器按钮，即可打开"页面设置"对话框。选择"纸张"选项卡，在"纸张大小"选项组中选择自定义纸张大小，分别在"宽度"数值框和"高度"数值框中依次输入"20 厘米"和"15 厘米"，单击"确定"按钮。

（3）为文字或段落添加边框和底纹

1）设置边框。为某个段落设置边框或底纹，不但能突出该段落的内容，还能起到美化文档的作用。具体设置步骤如下：

① 选定要设置边框的段落，单击"开始"选项卡→"段落"选项组→"边框"按钮，弹出如图 3.22 所示的下拉菜单。

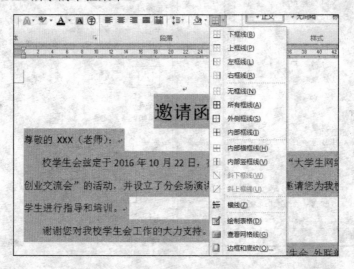

图 3.22　边框下拉菜单

② 选择"边框和底纹"命令，打开如图 3.23 所示的"边框和底纹"对话框，在此对话框中可设置边框类型、边框线样式、颜色及宽度等。设置完成后单击"确定"按钮，即可在选定的段落上添加指定的边框线。

③ 如果想设置边框线和段落文字之间的距离，只需要在"边框和底纹"对话框中单击"选项"按钮，即可打开如图 3.24 所示的对话框。

④ 设置完成后单击"确定"按钮，返回"边框和底纹"对话框，然后在"应用于"下拉列表框中选择"段落"选项。设置完成后单击"确定"按钮，即可在返回的文档中查看如图 3.25 所示的结果。

图 3.23　"边框和底纹"对话框

图 3.24　设置边距

图 3.25　设置边框后的效果

2）设置底纹。若要对整个段落设置底纹，具体操作步骤如下：首先选定预设置底纹的段落，然后单击"开始"选项卡→"段落"选项组→"边框"按钮，在弹出的下拉菜单中选择"边框和底纹"命令，在打开的"边框和底纹"对话框中选择"底纹"选项卡，如图 3.26 所示。在"填充"下拉列表框中选择段落的底纹颜色，本例中设置为"淡橙色"，然后在"应用于"下拉列表框中选择"段落"选项，设置结束后单击"确定"按钮。

图 3.26　"底纹"选项卡

（4）为页面添加边框

与字符或段落边框不同的是，页面边框会出现在每个页面中。在 Word 2010 中页面边框包括线条与艺术两种。

1）线条页面边框的设置。单击"页面布局"选项卡→"页面背景"选项组→"页面边框"按钮，打开如图 3.27 所示的"边框和底纹"对话框。在该对话框中对边框线的类型、样式、颜色、宽度等进行设置。若单击"选项"按钮，则会打开如图 3.24 所示的对话框。在对话框中调整边框与页边距的距离。设置结束后单击"确定"按钮返回到"边框和底纹"对话框中，然后单击"确定"按钮。

2）艺术页面边框的设置。按上面所讲的方法打开如图 3.28 所示的"边框"对话框，在"艺术型"下拉列表框中选择边框图案，然后在"宽度"数值框内调整图案的大小。设置结束单击"确定"按钮，返回到文档中即可看到所设置的结果，如图 3.29 所示。

图 3.27 "边框和底纹"对话框

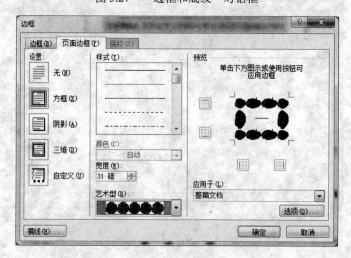

图 3.28 设置边框艺术型

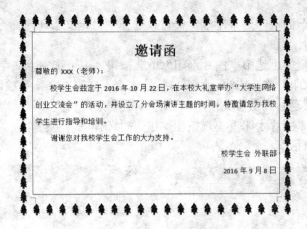

图 3.29 艺术型边框效果

（5）为页面添加背景

通过设置页面背景，可以对整个文档的外观起到修饰和美化的作用。页面背景包括水印、页面颜色和页面边框。页面边框的设置在前面已经做了介绍，这里主要介绍水印和页面颜色的设置。

1）添加水印。水印是出现在文档或文本背景中的文本或图片。水印通常用于增加趣味或标识文档状态。添加步骤如下：

① 选择"页面布局"选项卡，单击"页面背景"选项组中的"水印"按钮，弹出如图 3.30 所示的下拉菜单。

② 在下拉菜单中可选择一种系统内置的水印效果，图 3.31 所示为选择"紧急 1"水印后的显示效果。

图 3.30 "水印"下拉菜单

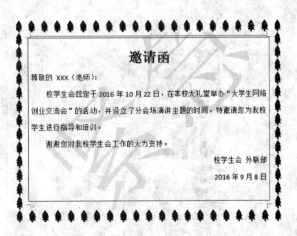

图 3.31 "紧急 1"水印效果

③ 如果对当前的水印效果不满意，可以选择"自定义水印"命令，打开如图 3.32 所示的"水印"对话框。

④ 在该对话框中可选中"图片水印"单选按钮，也可选中"文字水印"单选按钮。如果选中"文字水印"单选按钮，则可以设置语言、文字、字体等项内容，设置结束后单击"确定"按钮返回到当前文档，即可看到设置效果。

⑤ 如果选中"图片水印"单选按钮，单击"选择图片"按钮，如图 3.33 所示，打开"插入图片"对话框。

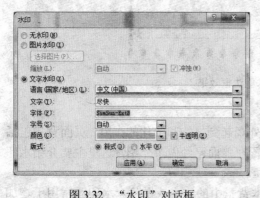
图 3.32　"水印"对话框

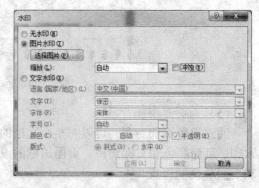
图 3.33　图片水印

⑥ 选择一幅图片后单击"插入"按钮，返回到"水印"对话框。

⑦ 单击"确定"按钮，在当前文档中插入图片水印。

2）设置页面颜色。除了设置水印背景之外，还可以设置页面背景填充效果，从而丰富文档的视觉美感。具体操作步骤如下：

① 选择"页面布局"选项卡，然后单击"页面背景"选项组中的"页面颜色"按钮，弹出如图 3.34 所示的下拉菜单。

② 在下拉菜单中选择"填充效果"命令，将打开如图 3.35 所示的"填充效果"对话框。

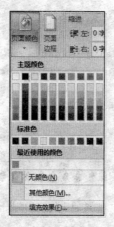
图 3.34　"页面颜色"下拉菜单

图 3.35　"填充效果"对话框

③ 在"填充效果"对话框中选择"渐变"选项卡，选中"预设"单选按钮，在右侧"预设颜色"下拉列表框中选择"雨后初晴"选项，在"底纹样式"选项组中选择"水平"变形方案，设置完成后单击"确定"按钮，设置得到的效果如图 3.36 所示。

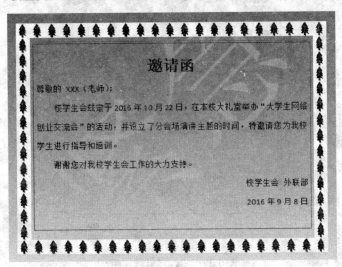

图 3.36　页面颜色设置效果

"图案"填充操作提示：

在"填充效果"对话框中选择"图案"选项卡，先设置前景色和背景色，再选择一种图案，如图 3.37 所示，设置结束后单击"确定"按钮，设置得到的效果如图 3.38 所示。

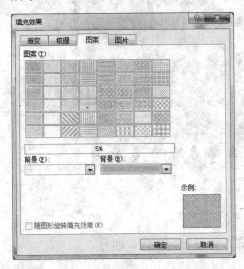

图 3.37　"填充效果"对话框

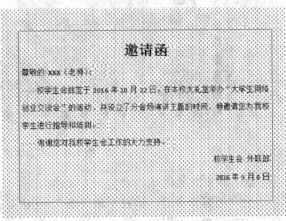

图 3.38　添加图案后的效果

"纹理"填充操作提示：

① 打开"填充效果"对话框后，选择"纹理"选项卡，如图 3.39 所示。

② 选择一种纹理，如"水滴"纹理，单击"确定"按钮，效果如图 3.40 所示。

图 3.39　"纹理"选项卡

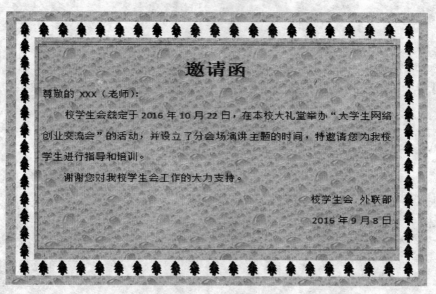

图 3.40　添加纹理后的效果

（6）设置文档版式

为文档编辑页眉，输入"邀请函"，居中对齐，并设置为黑体、四号。

（7）落款并设置超链接

选定"校学生会"，单击"插入"选项卡→"超链接"按钮，打开"插入超链接"对话框进行相应设置。

（8）插入艺术字

选择插入艺术字的位置，单击“插入”选项卡→“文字”选项组→“艺术字”按钮，然后选择所需艺术字样式，输入“欢迎您的光临!”。选中“欢迎您的光临!”，在“开始”选项卡的“字体”选项组中进行相应的设置，选择“艺术字格式”选项卡中的设置艺术字格式的工具，可更改艺术字的形状、颜色、线条、方向、位置等。

至此，文档已处理完成，保存文档即可。

【实训练习】

1）在文档中输入如图 3.41 所示的文字，并经过排版得到图中所示的效果，另存到 D 盘的“学生”文件夹中。

① 输入页眉“第二章　网络基础”，华文仿宋体、小五号，右对齐。

② 插入标题“网络互连设备”，设置为艺术字，艺术字样式“上弯弧”，字体为华文新魏、32 号且居中对齐。

③ 页面设置为 19 厘米×23 厘米自定义纸张，所有页边距均为 2 厘米。

④ 正文设置为华文细黑、深红色、小四号、行距 26 磅；每段的首行有两个汉字的缩进。

⑤ 将正文第一段分成三栏，加分隔线；正文第二段第三行中的文字“互联网”加蓝色双下划线。

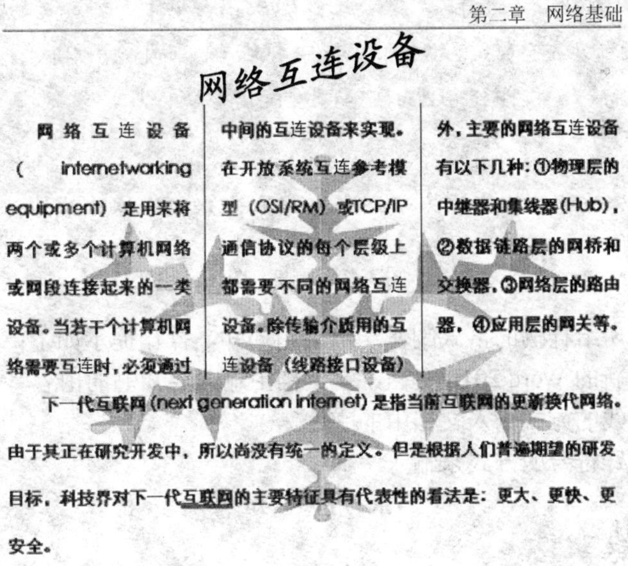

第二章　网络基础

网络互连设备

网络互连设备（internetworking equipment）是用来将两个或多个计算机网络或网段连接起来的一类设备。当若干个计算机网络需要互连时，必须通过中间的互连设备来实现。在开放系统互连参考模型（OSI/RM）或TCP/IP通信协议的每个层级上都需要不同的网络互连设备。除传输介质用的互连设备（线路接口设备）外，主要的网络互连设备有以下几种：①物理层的中继器和集线器(Hub)，②数据链路层的网桥和交换器，③网络层的路由器，④应用层的网关等。

下一代互联网 (next generation internet) 是指当前互联网的更新换代网络。由于其正在研究开发中，所以尚没有统一的定义。但是根据人们普遍期望的研发目标，科技界对下一代互联网的主要特征具有代表性的看法是：更大、更快、更安全。

图 3.41　题 1）图

2）编辑图 3.42 所示的内容，要求如下：

① 文档选用的纸型为 B5，上、下、左、右页边距均为 2 厘米，纸张方向为横向。

② 标题为一号、隶书字体且居中对齐；正文文字是三号、宋体；每段的首行有两

个汉字的缩进；正文第一段的最后的“神经计算机”加着重号。

③ 段前、段后间距均设为 0.5 行；行距设为 2.1 倍。

④ 为整个文档添加一种艺术边框。

⑤ 将“大学生计算机等级考试”设置为“红色（半透明）”文字水印，字体为楷体，字号为 54。

⑥ 页眉设置为文章的标题，页脚设置为“计算机课程”；页眉、页脚均为三号黑体字，且居中显示。艺术边框不得遮挡页眉和页脚文字。

⑦ 页面背景设为预设中的“金色年华”。

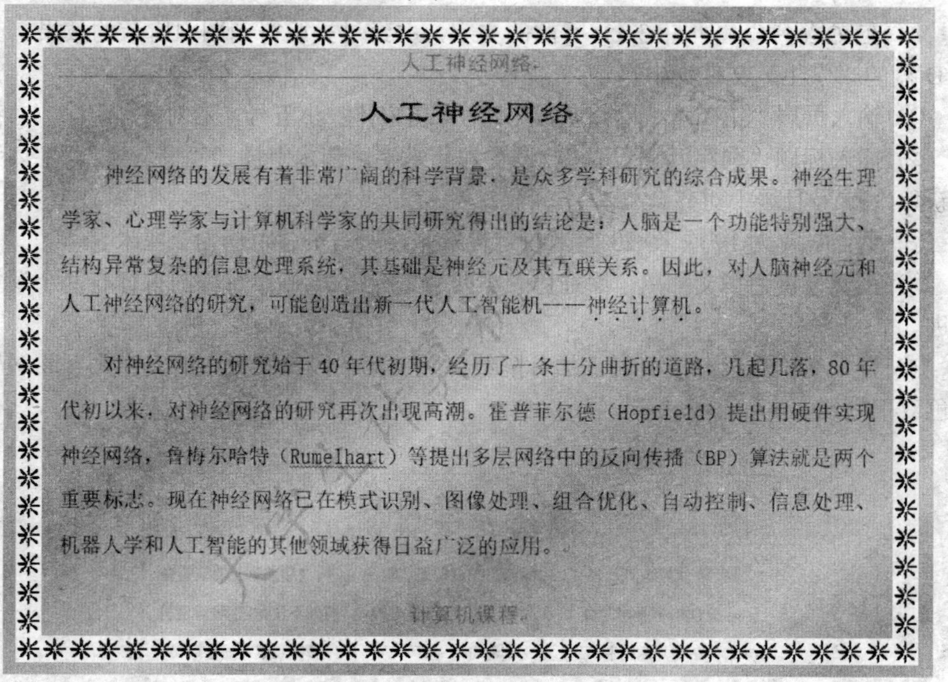

人工神经网络

人工神经网络

神经网络的发展有着非常广阔的科学背景，是众多学科研究的综合成果。神经生理学家、心理学家与计算机科学家的共同研究得出的结论是：人脑是一个功能特别强大、结构异常复杂的信息处理系统，其基础是神经元及其互联关系。因此，对人脑神经元和人工神经网络的研究，可能创造出新一代人工智能机——神经计算机。

对神经网络的研究始于 40 年代初期，经历了一条十分曲折的道路，几起几落，80 年代初以来，对神经网络的研究再次出现高潮。霍普菲尔德（Hopfield）提出用硬件实现神经网络，鲁梅尔哈特（Rumelhart）等提出多层网络中的反向传播（BP）算法就是两个重要标志。现在神经网络已在模式识别、图像处理、组合优化、自动控制、信息处理、机器人学和人工智能的其他领域获得日益广泛的应用。

计算机课程

图 3.42　题 2）图

3）按照下面所给样例的格式制作一份录用通知，操作提示如下：

① 创建一个新的 Word 2010 文档，在文档中输入通知书的内容。

② 采用下划线的方式输入文档中的空线。

③ 用插入特殊符号的方式来输入“➘”。

录 用 通 知

________先生：

经我公司研究，决定录用您为本公司员工，请您于____年____月____日到本公司人事部报到，欢迎您加盟本公司。

报到须知：

➘ 报到时请持录用通知书；

➘ 报到时须带本人____寸照片____张；

❥ 须携带身份证、学历证书、学位证书原件和复印件；

❥ 指定医院体检表；本公司试用期为＿＿个月；

若您不能就职，请于＿＿年＿＿月＿＿日前告知本公司。

讯通有限公司人事部

＿＿年＿＿月＿＿日

实训项目 3　文档中表格的设置

【实训要求】

　✓　掌握在 Word 2010 文档中制作表格的方法。

　✓　熟悉文档中表格的编辑方法。

【实训内容】

1. 创建表格

要使用表格，首先要创建表格。表格由若干行和列组成，行列的交叉区域称为"单元格"。常用的表格创建方法有以下几种。

（1）"表格"菜单

将光标定位到需要插入表格的位置，在"插入"选项卡中单击"表格"按钮，在弹出的下拉菜单中选择需要插入表格的行数和列数，单击即可插入表格，如图 3.43 所示。

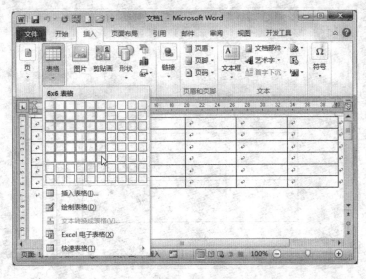

图 3.43　插入表格

（2）"插入表格"命令

将光标定位到需要插入表格的位置，选择"表格"下拉菜单中的"插入表格"命令，打开"插入表格"对话框，如图 3.44 所示。在对话框中设置"表格尺寸"选项组和"'自动调整'操作"选项组即可。

图 3.44 "插入表格"对话框

（3）手工绘制表格

选择"表格"下拉菜单中的"绘制表格"命令，当鼠标指针变成铅笔形状时，拖动鼠标绘制虚线框后，释放鼠标即可绘制表格的矩形边框。从矩形边框的边界开始向内拖动鼠标，当表格边框内出现虚线后释放鼠标，即可绘制出表格内的一条线，如图 3.45 所示。用户还可以运用铅笔工具手动绘制不规则的表格。另外，还可以通过"表格"下拉菜单中的"文本转换成表格"命令将文本转换为表格。

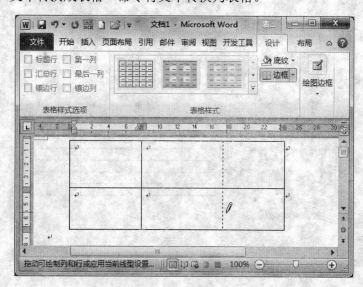

图 3.45 手工绘制表格

2. 编辑表格

创建表格以后，通常需要对其进行编辑，在编辑表格时先要选定需要编辑的表格区域。可以拖动鼠标选定连续的单元格；也可以将鼠标指针移到需要选定的单元格或某行的左侧，鼠标指针变为一个指向右上方的箭头后，单击可以选定单元格或某行；要选定某列，可以将鼠标指针移到该列的顶端，鼠标指针变为"↓"形状后，单击即可选定该列；如果需要选定整个表格，则可以移动鼠标指针到表格左上角，单击出现的"表格移动控制点"图标，即可选定整个表格。

（1）调整表格的行高和列宽

调整表格的行高和列宽，通常有以下几种常用的方法。

1）使用鼠标。将鼠标指针指向需要改变行高的表格横线上，此时鼠标指针变为垂直的双向箭头，拖动鼠标到所需要的行高即可，如图 3.46 所示。改变列宽可以使用相应的拖动方法。

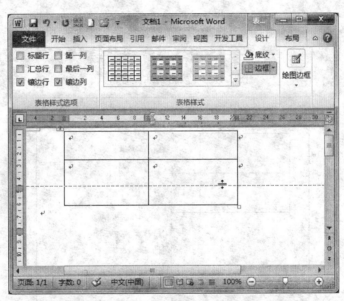

图 3.46　使用鼠标改变行高和列宽

2）使用菜单。选定表格中需要改变高度的行，右击，在弹出的快捷菜单中选择"表格属性"命令，打开"表格属性"对话框，如图 3.47 所示。在"行"选项卡中的"指定高度"数值框中输入数值，单击"确定"按钮即可。改变列宽可以使用"列"选项卡。

3）自动调整。Word 2010 提供了自动使某几行或几列平均分布的功能，先选定需要平均分布的几行或者几列，然后右击，在弹出的快捷菜单中选择"平均分布各行"或"平均分布各列"命令即可，如图 3.48 所示。另外，还可以通过单击"表格工具-布局"选项卡→"单元格大小"选项组→"分布行"按钮和"分布列"按钮来实现。还可以通过

"单元格大小"选项组中的"自动调整"下拉菜单中的"根据内容自动调整表格"命令和"根据窗口自动调整表格"命令实现。

图 3.47 "表格属性"对话框

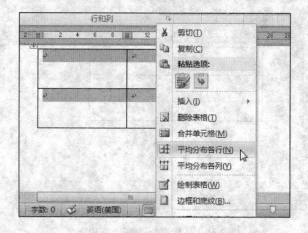

图 3.48 "平均分布各行"命令

（2）插入和删除行和列

1）插入行和列。先在表格中选定某行或某列（要增加几行或几列就选定几行或几列），右击，在弹出的快捷菜单中选择"插入"子菜单中相应的命令即可，如图 3.49 所示。另外，也可以单击"表格工具-布局"选项卡→"行和列"选项组中的各按钮实现。

2）删除行和列。先在表格中选定需要删除的行或列，右击，在弹出的快捷菜单中选择"删除单元格"命令，在打开的"删除单元格"对话框中进行设置，如图 3.50 所示。另外，也可以选择"表格工具-布局"选项卡→"行和列"选项组→"删除"按钮。

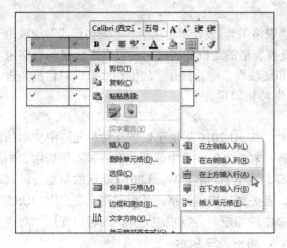 

图 3.49 插入行或列   图 3.50 "删除单元格"对话框

（3）合并与拆分单元格

在表格中可以方便地对已有单元格进行合并与拆分。单元格的合并是将相邻的多个单元格合并成一个，单元格的拆分是将一个单元格拆分成多个单元格。

1）合并单元格。先选定需要合并的多个单元格，右击，在弹出的快捷菜单中选择"合并单元格"命令即可。另外，也可以单击"表格工具-布局"选项卡→"合并"选项组→"合并单元格"按钮。

2）拆分单元格。先选定需要拆分的单元格，右击，在弹出的快捷菜单中选择"拆分单元格"命令，在打开的"拆分单元格"对话框中输入要拆分成的行数和列数，单击"确定"按钮即可。另外，也可单击"表格工具-布局"选项卡→"合并"选项组→"拆分单元格"按钮。

（4）绘制斜线表头

在表格中，经常在表格的左上角的位置用到斜线表头。用户可以单击"表格工具-设计"选项卡→"绘图边框"选项组中的"绘制表格"按钮，当鼠标指针变为铅笔形状时，将鼠标指针移至单元格内部，拖动鼠标绘制斜线，然后释放鼠标左键即可，如图 3.51 所示。

图 3.51 绘制斜线表头

（5）为表格加边框和底纹

首先选定需要设置的表格，单击"表格工具-设计"选项卡→"表格样式"选项组→"边框"按钮和"底纹"按钮，可以设置表格的边框和底纹。还可以在选定的表格中右击，在弹出的快捷菜单中选择"边框和底纹"命令，打开"边框和底纹"对话框，进行相应的设置，设置完毕后单击"确定"按钮即可。

（6）单元格对齐方式

文本在单元格中的对齐方式有多种，Word 2010 提供了以下 9 种单元格中文本的对齐方式：靠上两端对齐、靠上居中对齐、靠上右对齐、中部两端对齐、水平居中、中部右对齐、靠下两端对齐、靠下居中对齐、靠下右对齐。Word 2010 默认的是第一种，即靠上两端对齐。需要设置对齐方式时，首先要选定单元格，然后右击，在弹出的快捷菜单中选择"单元格的对齐方式"子菜单中的相应对齐方式。另外，还可以使用"对齐方式"选项组中的对齐方式按钮进行设置，如图 3.52 所示。

图 3.52　"对齐方式"选项组

（7）设置文字方向

与文档中的文本一样，表格中的文本也可以设置方向。默认状态下，表格中的文本是横向排列的。选择需要更改文字方向的表格或单元格，单击"对齐方式"选项组中的"文字方向"按钮，即可改变文字方向。或者在选定的表格或单元格中右击，在弹出的快捷菜单中选择"文字方向"命令，打开"文字方向 - 表格单元格"对话框，选择所需要的文字方向，单击"确定"按钮即可，如图 3.53 所示。

图 3.53　"文字方向 - 表格单元格"对话框

【实例操作】

制作图书订购单，样式如图 3.54 所示。

图书订购单

订购日期：____年____月____日　　№:				
订购人资料	会员 首次	会员编号	姓　名	联系电话
	姓　名		电子邮箱	
	联系电话		QQ号码	
	家庭住址	省　市　县/区	邮政编码：	
收货人资料	指定其他送货地址或收货人时请填写			
	姓　名		联系电话	
	送货地址	省　市　县/区（家庭　单位）		
	备　注	有特殊送货要求时请说明		
订购商品资料	书号	商品名称	单价(元)	数量	金额(元)
	合计总金额：拾　万　千　百　拾　元整（　RMB）				
付款方式	邮政汇款　银行汇款　货到付款(只限北京地区)			
配送方式	普通包裹　　　　送货上门(只限北京地区)			
注意事项	请务必详细填写，以便尽快为您服务。 在收到您的订单后，我们的客户服务人员将会与您联系确认。			

图 3.54　图书订购单样式

制作分析：①通过"插入"选项卡中的"表格"下拉菜单、"插入表格"对话框或者手工绘制，皆可创建表格。②通过"表格工具-设计"选项卡"绘图边框"选项组中的相关命令，可以在单元格中绘制斜线、清除表格中的任意边框线。③通过"表格工具-布局"选项卡"单元格大小"选项组中的命令，可以自动等分行高与列宽。④通过"表格工具-布局"选项卡"行和列"选项组中的命令，可以新增或删除单元格。⑤通过"表格工具-布局"选项卡"合并"选项组中的命令，可以快速编辑表格的结构。⑥通过"表格工具-布局"选项卡"对齐方式"选项组中的命令，可以设置文字在单元格内的方向和对齐方式。

操作步骤：

（1）创建订购单表格大体轮廓

创建表格前，最好先在纸上绘制出表格的草图，规划好行数和列数，以及表格的大致结构。

1）插入标准表格。

① 打开 Word 2010 应用程序，单击"页面布局"选项卡→"页面设置"选项组右下角的对话框启动器按钮，打开"页面设置"对话框。在"页边距"选项卡的"页边距"选项组中，将"左""右"设置为"1.5 厘米"，单击"确定"按钮。

② 在文档的首行输入标题文字"图书订购单"，并按【Enter】键。单击"插入"选项卡→"表格"选项组→"表格"按钮，从下拉菜单中选择"插入表格"命令，打开"插入表格"对话框。在"表格尺寸"选项组中，将"列数""行数"分别设置为"4"和"20"，单击"确定"按钮。

③ 将标题文字"图书订购单"的字体设置为黑体、加粗、一号、居中对齐。

④ 将鼠标指针移至表格右下角的表格大小控制点上，按住鼠标左键向下拖动鼠标，增大表格的高度。此时的表格如图 3.55 所示。

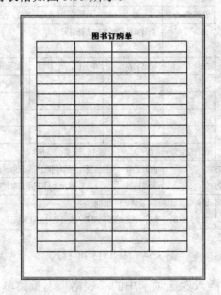

图 3.55　插入 20 行 4 列的表格

2）选择表格第 1、2 行，第 1 列的两个单元格，然后右击选定的单元格，在弹出的快捷菜单中选择"合并单元格"命令，将它们合并。

3）手动绘制表格斜线表头。

① 单击"表格工具-设计"选项卡→"绘图边框"选项组→"绘制表格"按钮，如图 3.56 所示。

图 3.56　"绘图边框"选项组

② 此时，鼠标指针已变为铅笔形状，在表格左上角的单元格中，自左上角向右下角拖动鼠标，为其绘制斜线表头。再次单击"绘制表格"按钮，结束绘制表格状态。

4）平均分布列宽。

① 将鼠标指针移至第 3 列单元格的右侧边框上，当指针变成"✦║✦"形状时，按住左键向左拖动鼠标，手动调整第 3 列的宽度。

② 选择表格的左边 3 列，选择"表格工具-布局"选项卡，单击"单元格大小"选项组中的"分布列"按钮，Word 会根据当前选择的各列总宽度，平均分配各列的宽度。

（2）编辑订购单表格

在制表过程中，常常要在指定的位置插入或者删除一些行或列，或者将多个单元格合并、拆分，以符合表格的内容要求。

1）插入表格行和列。

① 将鼠标指针置于第一行的左侧，当指针变成"⚲"形状后，单击以选中该行。单击"表格工具-布局"选项卡→"行和列"选项组→"在上方插入"按钮，被选目标的上方即插入一行与所选行结构相同的空行。

② 将鼠标指针置于表格右边框上，按住左键并向左拖动鼠标，缩小表格宽度，准备插入一整列。

③ 将鼠标指针移至第一列的上方，当指针变成"↓"形状后，单击以选中该列。然后右击，在弹出的快捷菜单中选择"插入"→"在左侧插入列"命令，如图 3.57 所示，在被选列的左侧即插入一列。

图 3.57　使用快捷菜单插入列

④ 由于新插入的列过宽，将鼠标指针移至其右侧边框线上，当指针变成"✦║✦"形

状时，按住左键向左拖动鼠标，手动调整此列的宽度。

　　⑤ 将表格第 2～4 列的列宽平均分布，结果如图 3.58 所示。

　　2）单击"设计"选项卡→"绘图边框"选项组→"擦除"按钮，清除不需要的边框线，结果如图 3.59 所示。注意：第 20、21 行第一列的单元格及其他单元格分别合并为一个单元格。

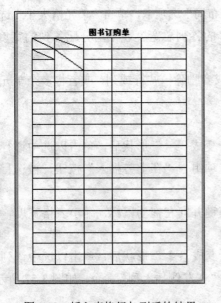

图 3.58　插入表格行与列后的结果

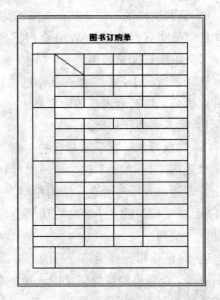

图 3.59　清除不需要的边框线后的结果

　　3）合并与拆分单元格。

　　① 选择表格的第 10、11 行中第 3～5 列的 6 个单元格，然后在其中右击，在弹出的快捷菜单中选择"合并单元格"命令，将其合并。

　　② 选择第 10、11 行中第 2 列的两个单元格，单击"表格工具-布局"选项卡→"合并"选项组→"合并单元格"按钮，合并选定的单元格。

　　③ 使用上述方法将倒数第 4 行第 2～5 列的 4 个单元格合并。

　　④ 选择倒数第 5～9 行最后一列的 5 个单元格，单击"布局"选项卡→"合并"选项组→"拆分单元格"按钮，打开"拆分单元格"对话框，如图 3.60 所示，将"列数"设置为"2"，最后单击"确定"按钮。

　　⑤ 选择倒数第 5～9 行第 3 列的 5 个单元格，然后将鼠标指针移至单元格的右侧边框上，当指针变成"➕‖➕"形状时，按住左键向右拖动鼠标，加宽所选单元格的宽度。

　　⑥ 选择倒数第 5～9 行第 4～6 列的单元格，单击"布局"选项卡→"单元格大小"选项组→"分布列"按钮，结果如图 3.61 所示。

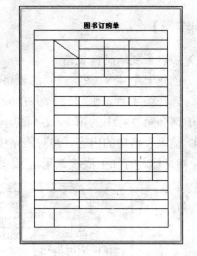

图 3.60　"拆分单元格"对话框　　　　　图 3.61　合并与拆分单元格后的结果

（3）输入与编辑订购单内容

完成表格的结构编辑后，便可以在其中输入内容，然后对文字进行相关的设置，并根据文字调整列宽，从而得到最佳的效果。

1）在绘制了斜线表头单元格的右上角双击，当出现光标后输入文字"会员"，在该单元格的左下角双击，在光标处输入文字"首次"。

2）在其他单元格中输入文本内容，对于重点内容或者要特别注意的事项，可以为其设置粗体字形，输入完毕后的结果如图 3.62 所示。

图 3.62　输入表格内容后的结果

【实训练习】

1）按以下要求制作表格。

① 创建一个 4×9（列×行）的表格。

② 选择第 1 行，通过"合并单元格"命令，使第 1 行成为表格的标题行。

③ 选择第 9 行中的第 1、2 列的单元格进行合并。

④ 输入表格中的内容，并对表格中的数据进行修饰（如单元格中的数据居中对齐，为单元格、标题行加上底纹效果等）。表格的最终效果如图 3.63 所示。

辅导资料一览表			
图书名称	出版年份	数量	出版社
心理学	2009	2	高等教育出版社
教育学	2010	3	高等教育出版社
计算机应用基础	2015	1	科学出版社
计算机原理	2013	2	清华大学出版社
Java编程思想	2009	3	电子科技大学出版社
C程序设计	2009	4	清华大学出版社
总计		15	

图 3.63　题 1）图

2）制作如图 3.64 所示格式的个人简历表格。

姓名		出生日期		照片
性别		民族		
毕业学校及所学专业				
籍贯				
个人简历				
技能与特长				
奖惩情况				

图 3.64　题 2）图

实训项目 4　文档中图形的编辑

【实训要求】

- ✓ 掌握在文档中插入图片的方法。
- ✓ 掌握图片的编辑方法。
- ✓ 掌握艺术字的编辑方法。
- ✓ 掌握自选图形的编辑方法。

【实训内容】

1. 插入图片

要制作一份精美的文档，通常需要插入一些合适的图片，并设置图片的相关属性，才能使文档达到图文并茂的效果。Word 2010 加强了图片的编辑功能，可以与一般的图片处理软件相媲美。在文档中插入图片的具体步骤如下：

1）将光标置于要插入图片的位置。

2）单击"插入"选项卡→"插图"选项组→"图片"按钮，打开"插入图片"对话框，在对话框中选择要插入的图片，然后单击"插入"按钮。

2. 图片编辑

插入图片后，图片的大小、位置和效果等属性是否能与文档搭配得当，是影响文档美观的一个重要因素，因此要对插入的图片进行编辑。

插入并选中图片，Word 2010 功能区会出现"图片工具-格式"选项卡，如图 3.65 所示。关于图片的编辑工具都会集中呈现在该选项卡中，分为"调整""图片样式""排列""大小"4 个选项组。Word 2010 重点加强了前两个选项组的内容。

图 3.65　"图片工具-格式"选项卡

1）调整：强化了旧版本图片工具中的亮度和对比度等功能，并增加了"重新着色"和"压缩图片"工具，采用直接单击和下拉菜单选择相结合的操作方式。

2）图片样式：这是 Word 2010 新增的图片处理最为出彩的功能，对图片的样式预设了 28 种风格，使图片的表现力更加出色。选定图片后直接单击目的样式即可应用，移动鼠标指针可以预览不同样式的效果。单击右侧的"图片边框"按钮则可以对图片框线做进一步处理。

"图片效果"分为"预设""阴影""映像""发光""柔化边缘""棱台""三维旋转"等预设样式，种类繁多，每一项都提供了更加详细的个性化设置。

3）图片排列：图片排列功能可对图片与文字的绕排关系，以及图片的层次、对齐方式、旋转角度进行设置。

4）图片大小：可对图片的高度和宽度进行设置。

3. 插入艺术字

Word 2010 中提供了创建艺术字的工具，可以创建各种各样的艺术字效果，并以此完善文档的最终效果。插入艺术字的具体步骤如下。

1）将光标置于要插入艺术字的位置或选中要转换为艺术字的文字，然后单击"插入"选项卡→"文本"选项组→"艺术字"按钮，弹出如图 3.66 所示的艺术字列表。

2）从中选择需要的艺术字样式，将弹出如图 3.67 所示的"编辑艺术字文字"对话框，在该对话框中输入所需文字，并设置艺术字的字体、字号等属性，最后单击"确定"按钮，即可插入艺术字。

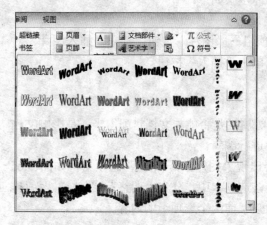

图 3.66　艺术字列表

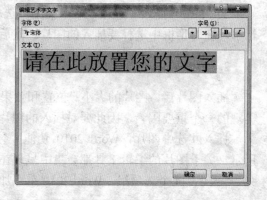

图 3.67　"编辑艺术字文字"对话框

3）插入艺术字并选中后，功能区会出现"绘图工具-格式"选项卡，用户可根据自己的需求，对艺术字形状、阴影效果、三维效果等进行设置。

4. 插入文本框

文本框是一种特殊的图形对象，它可用于存放文本或图形，可以放置在文档中的任意位置，并可调整大小。Word 2010 提供了预设的文本框样式，用户也可以根据自己的需求绘制文本框。下面介绍绘制文本框的步骤和方法。

1）将光标置于要插入文本框的位置，然后单击"插入"选项卡→"文本"选项组→"文本框"按钮。

2）从弹出的下拉菜单中选择 Word 2010 内置的文本框或者选择"绘制文本框"命令自行进行绘制。

3）创建文本框后，将出现"绘图工具-格式"选项卡，如图 3.68 所示，此时可以对文本框进行各种格式设置。

图 3.68　"绘图工具-格式"选项卡

5. 插入图形

Word 2010 中的图形是指一个或一组图形对象。图形对象包括形状、图表、流程图、曲线、线条和艺术字。这些对象是 Word 2010 文档的组成部分，可以应用颜色、图案、边框和其他格式更改并增强这些对象的效果。例如，绘制一个由形状和线条组成的图形对象，应首先从绘图画布开始。

1）绘图画布：在 Microsoft Word 中创建绘图时，可以先插入一个绘图画布。绘图画布可帮助用户排列绘图中的对象并调整其大小。将光标置于要创建绘图的位置，单击"插入"选项卡→"插图"选项组→"形状"按钮，在弹出的下拉菜单中选择"新建绘图画布"命令，文档中将插入一个绘图画布。

2）设置画布格式：插入绘图画布时，可以在"绘图工具-格式"选项卡中执行以下任意操作：

① 绘图画布在图形和文档的其他部分之间提供了一个矩形边界。在默认情况下，绘图画布没有背景或边框，但是如同处理图形对象一样，可以对绘图画布应用格式。

② 绘图画布还能帮助用户将图形的各个部分进行组合，这在图形由若干个形状组成的情况下尤其有用。如果计划在图形中包含多个形状，最佳做法是插入一个绘图画布。

3）在画布上绘制图形：若要进行绘图，可单击"绘图工具-格式"选项卡→"插入形状"选项组中选择一种形状，之后在画布上按住鼠标左键拖动即可实现图形的绘制。双击可停止绘制。

4）画布大小调节：选择画布并拖动画布边框可调整画布大小，或单击"绘图工具-格式"选项卡→"大小"选项组右下角的对话框启动器，以指定更精确的度量。

6. 插入 SmartArt 图形

单击"插入"选项卡→"插图"选项组→"SmartArt"按钮，可以打开"选择 SmartArt 图形"对话框，如图 3.69 所示。选择 SmartArt 图形类型和样式，即可在插入点插入相应图形。

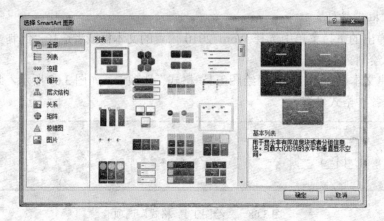

图 3.69　"选择 SmartArt 图形"对话框

7. 插入公式

在编写理工类著作或论文时，经常需要处理复杂的数学公式。此时可使用 Word 2010 内置的"公式"功能编辑，具体步骤如下：

1）在文档中确定插入位置，单击"插入"选项卡→"符号"选项组→"公式"下拉按钮，可打开内置的公式列表，如图 3.70 所示。

2）如果内置公式中没有所需的公式，可选择"插入新公式"命令，即可启动如图 3.71 所示的公式编辑器。

3）"公式工具-设计"选项卡中提供了"工具""符号""结构"3 个选项组，以便完成各种数学公式的编辑，用户可在页面上出现的公式编辑框中输入需要的内容。

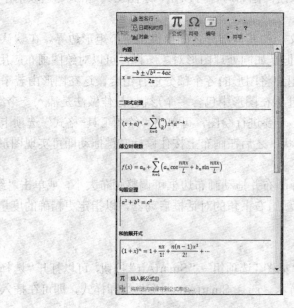

图 3.70　内置公式

图 3.71　公式编辑器

【实例操作】

绘制贺卡，操作步骤如下。

1. 插入图片和页面设置

启动 Word 2010，将图片插入文档中，裁剪图片，页面尺寸为宽 20 厘米、高 15 厘米，操作方法如下。

1）启动 Word 2010，选择"插入"选项卡→"插图"选项组→"图片"按钮，打开"插入图片"对话框，在"查找范围"下拉列表框中选择对应的文件夹，选择所需图片文件，单击"插入"按钮。

2）单击"页面布局"选项卡→"页面设置"选项组右下角的对话框启动器按钮，打开"页面设置"对话框，选择"纸张"选项卡，设置纸张大小为"自定义大小"，在"宽度"数值框中输入"20 厘米"，在"高度"数值框中输入"15 厘米"，如图 3.72 所示。

图 3.72　页面设置

2. 设置图片大小和布局

设置图片覆盖整个页面,并保存至 D 盘的"学生"文件夹中,文件命名为"贺卡.docx"。操作方法如下。

1)选中插入的图片,单击"图片工具-格式"选项卡→"大小"选项组右下角的对话框启动器按钮,打开"布局"对话框,取消选中"锁定纵横比"和"相对原始图片大小"两个复选框,分别在"高度-绝对值"和"宽度-绝对值"数值框中输入"15 厘米"和"20 厘米",如图 3.73 所示。

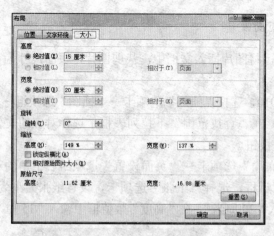

图 3.73　设置图片大小

2)选择"文字环绕"选项卡,选择环绕方式为"衬于文字下方"。选择"位置"选项卡,选中"水平"选项组下的"对齐方式"单选按钮,在其下拉列表框中选择"居中",在"相对于"下拉列表框中选择"页面",在"垂直"选项组中设置同样的参数,如图 3.74 所示。

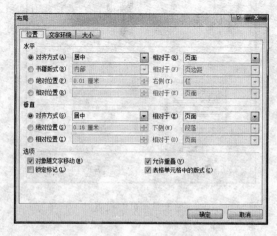

图 3.74　图片布局

3）单击"确定"按钮，得到图片居中对齐覆盖整个页面的效果。

4）选择"文件"→"另存为"命令，或单击快速访问工具栏中的"保存"按钮，打开"另存为"对话框，在"保存位置"下拉列表框中选择自己的文件夹，在"文件名"下拉列表框中输入文件名"贺卡"，在"保存类型"下拉列表框中选择文件类型"Word文档（*.docx）"，单击"保存"按钮。

3. 修饰图片

设置图片边框的颜色，调整图片的亮度为65%，对比度为35%，操作步骤如下。

1）选中插入的图片，单击"图片工具-格式"选项卡→"图片样式"选项组→"图片边框"按钮，在弹出的下拉菜单中选择颜色，如图 3.75 所示。

2）完成图片的边框颜色格式设置后，由于图片大小与页面大小完全相同，看不到图片边框效果，可以将其适当缩小后查看。

3）选中插入的图片，单击"图片工具-格式"选项卡→"调整"选项组→"更正"按钮→"图片更正选项"命令，打开"设置图片格式"对话框，在"亮度"数值框中输入"65%"，在"对比度"数值框中输入"35%"，单击"关闭"按钮。

4. 设计艺术字

输入艺术字，并设置艺术字"教师节的礼物"为华文新魏、红色，设置艺术字"——献给最敬爱的人"为华文行楷、橙色，用文本框输入文本，设置字体格式为华文琥珀、小初，并保存。操作步骤如下。

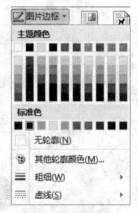

图 3.75　设置图片边框颜色

1）选择"插入"选项卡→"文本"选项组→"艺术字"按钮，打开艺术字库，选择第一种艺术字样式，编辑区出现"请在此放置您的文字"文本框，如图 3.76 所示。

图 3.76　编辑艺术字

2）在文本框中输入文字"教师节的礼物"，然后选中文字，设置字体为华文新魏。

3）选择"插入"选项卡→"文本"选项组→"文本框"按钮→"绘制竖排文本框"命令，此时鼠标指针变成"＋"形状，在文档中并拖动鼠标，绘制出一个竖排文本框，在文本框中输入所需文本，选中输入的文本，设置为小初号、华文琥珀字体。

4）选中文本框，在"绘图工具-格式"选项卡→"形状样式"选项组→"形状填充"下拉菜单和"形状轮廓"下拉菜单中均选择"无填充颜色"，并调整位置。

5）分别选择各对象，调整大小，并单击"绘图工具-格式"选项卡→"排列"选项组→"上移一层"或"下移一层"按钮，对各对象的叠放次序进行调整。

6）同时选中各对象，选择"绘图工具-格式"选项卡→"排列"选项组→"组合"按钮→"组合"命令，将各对象组合成为一个整体，再进行版式修饰。

7）单击快速访问工具栏中的"保存"按钮保存文档。

【实训练习】

输入图 3.77 所示文档的内容，并按如下要求设置。

图 3.77 实训图

1）根据图 3.77，设置合适的字体、字号，要求整体美观，布局协调。设置页面纸张大小为 B5 篇幅，纸张方向设置为"横向"，上、下、左、右页边距均为 2 厘米。

2）利用 Word 的表格功能制作表格，表格居中对齐；表格中文字水平居中对齐、红色、微软雅黑、小五为"报告人"列添加黄色底纹。

3）在"报名流程"段落下面，利用 SmartArt 图形制作本次活动的报名流程（学工处报名、确认座席、领取资料、领取门票）。

4）输入"报告人介绍"段落及下面的文字，并设置排版布局为图 3.77 所示的样式。要求有两种不同的字体：标题为微软雅黑、三号、倾斜、加粗；文字为幼圆、四号，设置首行缩进 2 字符，段前为"自动"，段后为 2 行，行间距为 1.2 倍。

5）为文档添加艺术型页面边框。

6）将文档以"大学生人生规划"为文件名保存在桌面上。

实训项目 5　Word 2010 的高级应用

【实训要求】

- ✓ 熟练掌握图文混排。
- ✓ 熟练掌握标题的设置、格式编排、分栏和替换等。
- ✓ 熟练掌握页眉、页脚、页码的插入和页面设置。

【实训内容】

1. 对正文进行排版

1）章名使用"标题 1"样式，居中对齐；编号格式为"第 X 章"，其中 X 为自动排序。

2）小节名使用"标题 2"样式，左对齐；编号格式为多级符号"X.Y"（X 为章数字序号，Y 为节数字序号），如"1.1"。

3）新建样式。

① 字体：中文字体为"楷体"，西文字体为"Times New Roman"，字号为"小四"。

② 段落：首行缩进 2 字符，段前和段后均 0.5 行，行距 1.5 倍。

③ 其余格式：采用默认设置。

将样式应用到正文中无编号的文字。

注意：不包括章名、小节名、表文字、表和图的题注。

4）对出现"1."" 2."…处进行自动编号，编号格式不变；对出现"1）"" 2）"…处进行自动编号，编号格式不变。

5）为正文文字（不包括标题）中首次出现"人力资源管理系统"的地方插入脚注，添加文字"Human Resource Management System，简称 HRMS"。

6）对正文中的表添加题注"表"，位于表上方，居中对齐。要求：编号为"章序号-表在章中的序号"（如第 1 章中第 1 张表的题注编号为 1-1）；表的说明使用表上一行的文字，格式同表标号；表居中对齐。

7）对正文中出现的"如下表所示"的"下表"，使用交叉引用，改为"如表 X-Y 所示"，其中"X-Y"为表题注的编号。

8）对正文中的图添加题注"图"，位于图下方，居中。要求：编号为"章序号-图在章中的序号"（如第1章中第1张图的题注编号为1-1）；图的说明使用图下一行的文字，格式同图标号；图居中。

9）对正文中出现"如下图所示"的"下图"，使用交叉引用，改为"如图X-Y所示"，其中"X-Y"为图题注的编号。

2. 分节处理

对正文进行分节处理，每章为单独一节。

3. 生成目录

在正文前按序插入节，使用引用中的目录功能，生成如下内容。

（1）正文目录

1）"目录"使用"标题1"样式，居中对齐。

2）"目录"下为目录项。

（2）表目录

1）"表目录"使用"标题1"样式，居中对齐。

2）"表目录"下为表目录项。

（3）图目录

1）"图目录"使用"标题1"样式，居中对齐。

2）"图目录"下为图目录项。

4. 添加页脚

使用域，在页脚中插入页码，居中对齐。

1）正文前的节，页码采用"Ⅰ，Ⅱ，Ⅲ，…"格式，页码连续，居中对齐。

2）正文中的节，页码采用"1，2，3，…"格式，页码连续，居中对齐。

3）更新目录、表目录和图目录。

5. 添加页眉

使用域，按以下要求添加内容，居中显示。

1）对于奇数页，页眉中的文字为"章序号+章名"。

2）对于偶数页，页眉中的文字为"节序号+节名"。

【实例操作】

输入下面的文字，并按操作步骤完成所有操作。

第一章 绪论

1.1 系统开发背景

人力资源管理是一门新兴的集管理科学、信息科学、系统科学及计算机科学为一体的综合性学科，在诸多的企业竞争要素中，人力资源已逐渐成为企业最主要的资源，现代企业的竞争也越来越直接地反映为人才的竞争。在此背景下，现代企业为适应快速变化的市场，需要更加灵活、快速反应的，具有决策功能的人力资源管理平台和解决方案。

1.2 研究目标和意义

开发和使用人力资源管理系统可以使得人力资源管理信息化，可以给企业带来以下好处：

1）可以提高人力资源管理的效率；

2）可以优化整个人力资源业务流程；

3）可以为员工创造一个更加公平、合理的工作环境。

第二章 系统设计相关原理

2.1 技术准备

Hibernate

Hibernate 是一个开放源代码的关系映射框架，它对 JDBC 进行了非常轻量对象封装，使得 Java 程序员可以随心所欲地使用对象编程思维来操纵数据库。

2.2 Struts

Struts 最早是作为 Apache Jakarta 项目的组成部分，项目的创立者通过对该项目的研究，改进和提高 Java Server Pages、标签库及面向对象的技术水准。

2.3 JSP

JSP（Java Server Pages）是由 SUN 公司倡导创建的一种新动态页面技术标准。

2.4 SQL server

SQL server 是目前较流行的关系数据库管理系统之一。

第三章 系统分析

3.1 需求分析

需求分析包括任务概述、总体目标、遵循原则、运行环境、功能需求等。

3.2 可行性分析

从经济可行性、技术可行性两个方面进行分析。

第四章 系统总体设计

4.1 系统功能结构设计

人力资源管理系统由人事管理、招聘管理、培训管理、薪金管理、奖惩管理 5 部分组成。

4.2 数据库规划与设计

本系统采用 SQL Server 2008 数据库，系统数据库名为人力资源管理，包括培训信息表、奖惩表、应聘信息表、薪金表和用户表 5 个数据表。其中奖惩表的结构如下表所示。

奖惩表的结构

字段名	数据类型	长度	是否主键	描述
ID	Int	4	是	数据库流水号
Name	varchar	2000	否	奖惩名称
Reason	varchar	50	否	奖惩原因
Explain	varchar	50	否	描述
Createtime	datetime	8	否	创建时间

第五章　系统详细设计与实现

5.1　用户登录模块

用户登录模块是用户进入主页面的入口。流程图如下图所示。

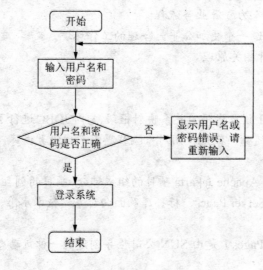

用户登录模块流程图

5.2　人员管理模块

人员管理模块主要包括浏览、添加、修改和删除人员信息。

5.3　招聘管理模块

招聘管理模块主要包括应聘人员信息的详细查看、删除及信息入库。

5.4　培训管理模块

培训管理模块主要包括浏览培训计划、信息删除和填写培训总结。

5.5　奖惩管理模块

奖惩管理模块主要包括浏览奖惩详细信息、修改和删除奖惩信息。

5.6　薪金管理模块

薪金管理模块主要包括薪金信息的登记、修改、删除和查询。

为统计分析薪金,可以采用标准偏差函数,它反映了数值相对于平均值的离散程度。

第六章　总结与展望

6.1　总结

本系统以 JSP 为开发工具，依托于 SQL Server 2008 数据库实现。功能齐全，能基本满足企业对人力资源规划的需要，且操作简单，界面友好。

6.2　展望

当然，本系统也存在一定的不足之处，如在薪金管理中，安全措施考虑得不是很周到，存在一定的风险，有待进一步完善。

操作步骤：

1．正文排版

（1）设置章名、小节名使用的标题样式和编号

1）右击"开始"选项卡→"样式"选项组→"标题 1"样式，在弹出的快捷菜单中选择"修改"命令，在"修改样式"对话框的左下角单击"格式"按钮，在下拉菜单中选择"段落"命令，打开"段落"对话框，在"缩进和间距"选项卡"常规"选项组的"对齐方式"下拉列表框中选择"居中"选项（如果要进行更多的样式修改，可参照以上步骤进行相应的选择即可）；选中各章标题（按住【Ctrl】键单击各章标题），单击"开始"选项卡→"样式"选项组样式库中的"标题 1"，则各章都设置为"标题 1"样式（注意删除各章标题中的原有的"第一章""第二章"……）。

2）同理设置标题 2，不再重复。

3）将光标置于标题 1 文字前，单击"开始"选项卡→"段落"选项组→"多级列表"按钮，在下拉菜单中选择一种适当的列表样式，然后再次单击"开始"选项卡→"段落"选项组→"多级列表"按钮，在下拉菜单中选择"定义新的多级列表"命令，打开"定义新的多级列表"对话框，单击左下角的"更多"按钮，在"单击要修改的级别"列表框中选择级别"1"，然后将光标置于"输入编号的格式"文本框的最前面，输入"第"，移动光标到灰底色数字"1"的后面，输入"章"（注意：数字"1"不能删除）；在右上方的"将级别链接到样式"下拉列表框中选择"标题 1"，如图 3.78 所示。标题 1 编号设置完毕。

4）继续利用"定义新的多级列表"对话框进行操作。将光标置于要设置为标题 2 的文本的前面，单击"开始"选项卡→"段落"选项组·"多级列表"按钮，在"当前列表"中单击列表样式，再次单击"开始"选项卡→"段落"选项组→"多级列表"按钮，在下拉菜单中选择"定义新的多级列表"命令，打开"定义新的多级列表"对话框。在"单击要修改的级别"列表框中选择级别"2"，然后将光标置于"输入编号的格式"文本框的最前面，在"包含的级别编号来自"下拉列表框中选择"级别 1"，此时光标会移动到"1.1"的第一个"1"的后面，删除"."并输入"-"；在对话框右上方的"将级别链接到样式"下拉列表框中选择"标题 2"，在"要在库中显示的级别"下拉列表框中

选择"级别2",如图3.79所示。标题2编号设置完毕,单击"确定"按钮(如果有更多级别的标题设置,则重复以上操作步骤,做相应的设置即可)。

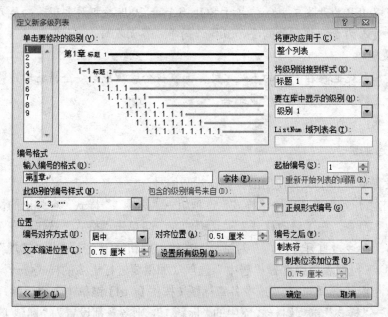

图3.78 设置章名编号

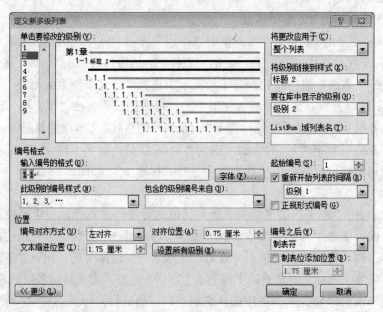

图3.79 设置小节名编号

（2）新建样式

1）将光标置于正文第一段，单击"开始"选项卡→"样式"选项组右下角的对话框启动器按钮，打开"样式"任务窗格，在左下角单击"新建样式"按钮，打开"根据格式设置创建新样式"对话框。

2）在"名称"文本框中输入样式名称"我的样式"，然后单击"格式"按钮，在弹出的下拉菜单中选择"字体"命令，如图 3.80 所示，在打开的"字体"对话框中按要求做相应的设置，单击"确定"按钮。

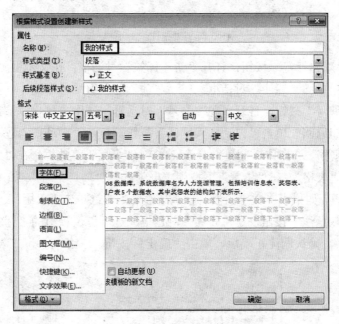

图 3.80　新建样式

3）继续单击"格式"按钮，在弹出的下拉菜单中选择"段落"命令，在打开的"段落"对话框中按要求做相应的设置，单击"确定"按钮。

4）在"根据格式设置创建新样式"对话框中选中"自动更新"复选框，单击"确定"按钮即可。

（3）样式应用

将光标依次置于各段正文中，单击"开始"选项卡→"样式"选项组→"我的样式"即可。

（4）插入表题注

1）将光标置于表上方的文字前，单击"引用"选项卡→"题注"选项组→"插入题注"按钮，打开"题注"对话框，如图 3.81 所示。

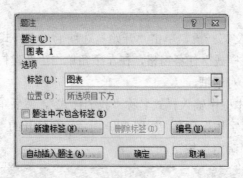

图 3.81　"题注"对话框

2）单击"新建标签"按钮，打开"新建标签"对话框，在文本框中输入"表"，单击"确定"按钮返回"题注"对话框。在"选项"选项组的"标签"下拉列表框中选择"表"，单击"编号"按钮，打开"题注编号"对话框，选中"包含章节号"复选框，单击"确定"按钮返回。单击"自动插入题注"按钮，打开"自动插入题注"对话框，在"插入时添加题注"列表框中选中"Microsoft Word 表格"复选框，在"使用标签"下拉列表框中选择"表格"，在"位置"下拉列表框中选择"项目上方"，如图 3.82 所示，单击"确定"按钮。如果表格文字前没有插入题注，则再次单击"引用"选项卡→"题注"选项组→"插入题注"按钮，在"题注"对话框"选项"选项组的"标签"下拉列表框中选择"表格"，确认题注正确后，单击"确定"按钮。

图 3.82　"自动插入题注"对话框

（5）表的处理

1）分别选中题注和表，单击"开始"选项卡→"段落"选项组→"居中"按钮。

2）找到第一处"如下表所示"，并选中"下表"两字，单击"引用"选项卡→"题注"选项组→"交叉引用"按钮，打开"交叉引用"对话框。

3) 在"交叉引用"对话框中的"引用类型"下拉列表框中选择"表",在"引用内容"下拉列表框中选择"只有标签和编号",此时"引用哪一个题注"列表框中自动显示"表 4-1 奖惩表结构"并选中,如图 3.83 所示。单击"插入"按钮,此时,原文字"如下表所示"自动变成"如表 4-1 所示",即完成第一处的插入。找到下一处"如下表所示",并选中"下表",重复以上操作,直到全部插入完毕。

注意: 本步骤成功的要点是,必须对表采用插入题注的方法生成表的题注和编号。

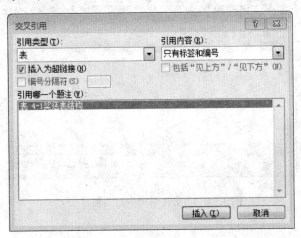

图 3.83 "交叉引用"对话框(一)

(6) 图的处理

1) 将光标置于图的下方文字前,单击"引用"选项卡→"题注"选项组→"插入题注"按钮,打开"题注"对话框,如图 3.81 所示。

2) 单击"新建标签"按钮,打开"新建标签"对话框,在文本框中输入"图",单击"确定"按钮返回"题注"对话框。在"选项"选项组的"标签"下拉列表框中选择"图",单击"编号"按钮,打开"题注编号"对话框,选中"包含章节号"复选框,单击"确定"按钮返回"题注"对话框,再单击"确定"按钮。如果图题文字前没有插入题注,再次单击"引用"选项卡→"题注"选项组→"插入题注"按钮,在"选项"选项组的"标签"下拉列表框中选择"图",确认题注正确后,单击"确定"按钮。为其他图片插入题注很简单,选中图片后右击,在弹出的快捷菜单中选择"插入题注"命令,在打开的"题注"对话框的"题注"文本框中的题注编号后直接输入说明文字。

分别选中题注和图,单击"开始"选项卡→"段落"选项组→"居中"按钮。

(7) 交叉引用

1) 找到第一处"如下图所示",并选中"下图"两字,单击"引用"选项卡→"题注"选项组→"交叉引用"按钮,打开"交叉引用"对话框。

2) 在"交叉引用"对话框中的"引用类型"下拉列表框中选择"图",在"引用内容"下拉列表框中选择"只有标签和编号",此时"引用哪一个题注"列表框中自动显示"图 5-1 用户登录模块结构图"并选中,如图 3.84 所示。单击"插入"按钮,此时,原文字"如下图所示"自动变成"如图 5-1 所示",即完成第一处的插入。找到下一处"如下表所示",并选中"下表",重复以上操作,直到全部插入完毕。

  注意:本步骤成功的要点是,必须对图采用插入题注的方法生成图的题注和编号。

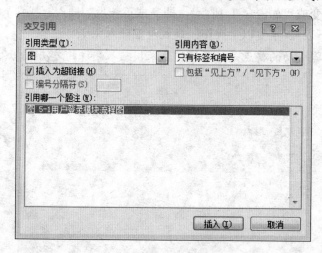

图 3.84 "交叉引用"对话框(二)

 2. 分节处理

  将光标置于文字"第 2 章"后(文字"系统设计相关原理"前),选择"页面布局"选项卡→"页面设置"选项组→"分隔符"按钮→"下一页"命令。重复以上操作,直至完成所有章节的分节为止。

 3. 生成目录

  1)选择"视图"选项卡,选择"草稿"视图模式。选中文字"第 1 章",选择"页面布局"选项卡→"页面设置"选项组→"分隔符"按钮→"下一页"命令。重复操作3 次。

  2)完成目录样式,并居中显示。

  ① 单击第 1 个分节符,输入文字"目录",按两次【Enter】键。单击"开始"选项卡→"段落"选项组→"编号"按钮,取消目录前的自动编号,目录自动使用标题 1 样式,并居中对齐。

  ② 单击第 2 个分节符,输入文字"表目录",按两次【Enter】键(需要删除"第 1章"3 个字)。单击"开始"选项卡→"段落"选项组→"编号"按钮,取消表目录前的自动编号,目录自动使用标题 1 样式,并居中对齐。

  ③ 单击第 3 个分节符,输入文字"图目录",按两次【Enter】键(需要删除"第 1章"3 个字)。单击"开始"选项卡→"段落"选项组→"编号"按钮,取消图目录前的自动编号,目录自动使用标题 1 样式,并居中对齐。

  3)创建文档目录。将光标置于文字"目录"下的空行,单击"引用"选项卡→"目录"选项组→"目录"下拉按钮,在下拉菜单中选择"插入目录"命令,打开"目录"对话框,如图 3.85 所示。采用默认设置,单击"确定"按钮。其中,"显示级别"数值框可以根据实际需要设置,本例不需要改动。

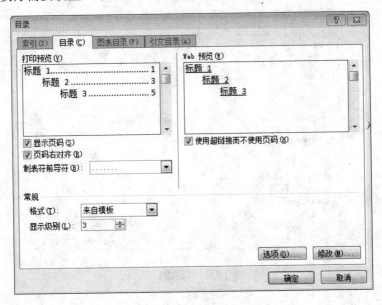

图 3.85 创建文档目录

4)创建表目录。将光标置于文字"表目录"下的空行,单击"引用"选项卡→"题注"选项组→"插入表目录"按钮,打开"图表目录"对话框,在"题注标签"下拉列表框中选择"表",如图 3.86 所示,单击"确定"按钮。

图 3.86 创建表目录

5）创建图目录。将光标置于文字"图目录"下的空行，单击"引用"选项卡→"题注"选项组→"插入表目录"按钮，打开"图表目录"对话框，在"题注标签"下拉列表框中选择"图"，如图 3.87 所示，单击"确定"按钮。

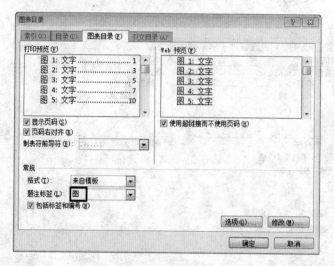

图 3.87　创建图目录

4. 添加页脚

（1）正文前节的页码设置

1）在页面视图下，将光标置于第 1 节中，选择"插入"选项卡→"页眉和页脚"选项组→"页码"按钮→"页面底端"命令→"普通数字 2"命令。然后单击"页眉和页脚工具-设计"选项卡→"页眉和页脚"选项组→"页码"按钮，在下拉菜单中选择"设置页码格式"命令，打开"页码格式"对话框，在"编号格式"下拉列表框中选择"i，ii，iii，…"，在"页码编号"选项组中选中"续前节"单选按钮，如图 3.88 所示，单击"确定"按钮。

图 3.88　设置目录页码格式

2）选中第 2 节页面底端的页码，单击"页眉和页脚工具-设计"选项卡→"页眉和页脚"选项组→"页码"按钮，在下拉菜单中选择"设置页码格式"命令，打开"页码格式"对话框。在"编号格式"下拉列表框中选择"i，ii，iii，…"，在"页码编号"选项组中选中"续前节"单选按钮，单击"确定"按钮。

重复以上操作，直到正文前各节设置完毕。

（2）正文中节的页码的设置

选中第 4 节页面底端页码（位于第 1 章首页），单击"页眉和页脚工具-设计"选项卡→"页眉和页脚"选项组→"页码"按钮，在下拉菜单中选择"设置页码格式"命令，打开"页码格式"对话框。在"编号格式"下拉列表框中选择"1，2，3，…"，在"页码编号"选项组中选中"起始页码"单选按钮，并设置起始页码为1，如图 3.89 所示。单击"确定"按钮。单击"页眉和页脚工具-设计"选项卡→"关闭"选项组→"关闭页眉和页脚"按钮。

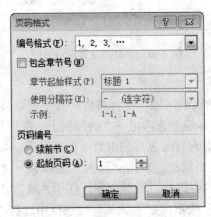

图 3.89　设置正文页码格式

（3）更新目录

拖动鼠标选中"目录""表目录""图目录"各节，右击，在弹出的快捷菜单中选择"更新域"命令，相继打开"更新目录"对话框和"更新图表目录"对话框，单击"确定"按钮。

5．添加页眉

（1）页面设置

将光标置于第 1 章所在的节中，单击"页面布局"选项卡→"页面设置"选项组的对话框启动器按钮，打开"页面设置"对话框，选择"版式"选项卡，在"节的起始位置"下拉列表框中选择"新建页"，在"页眉和页脚"选项组中选中"奇偶页不同"复选框，在"应用于"下拉列表框中选择"本节"，如图 3.90 所示，单击"确定"按钮。重复上述步骤，直到每章都设置完毕。

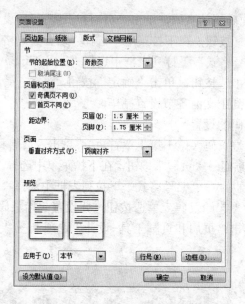

图 3.90 "页面设置"对话框

（2）创建奇数页页眉

1）双击第 1 章所在的页眉区域，光标将自动置于奇数页页眉处，单击"页眉和页脚工具-设计"选项卡→"导航"选项组→"链接到上一条页眉"按钮，使该按钮失效，本节设置的奇数页页眉不影响前面各节的奇数页页眉设置。

2）将光标置于奇数页页眉处，单击"插入"选项卡→"文本"选项组→"文档部件"下拉按钮，在下拉菜单中选择"域"命令，打开"域"对话框。在"类别"下拉列表框中选择"链接和引用"选项，在"域名"列表框中选择"StyleRef"选项，在"样式名"列表框中选择"标题 1"样式，在"域选项"选项组中选中"插入段落编号"复选框，如图 3.91 所示。单击"确定"按钮，在奇数页页眉插入章序号。

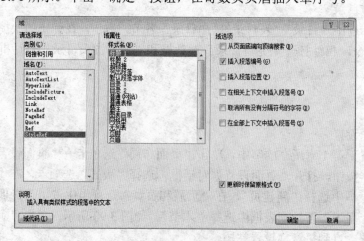

图 3.91 在奇数页页眉插入章序号

3）继续单击"插入"选项卡→"文本"选项组→"文档部件"下拉按钮，在下拉菜单中选择"域"命令，打开"域"对话框。在"类别"下拉列表框中选择"链接和引用"选项，在"域名"列表框中选择"StyleRef"选项，在"样式名"列表框中选择"标题1"样式，如图3.92所示。单击"确定"按钮，在奇数页页眉插入章名。

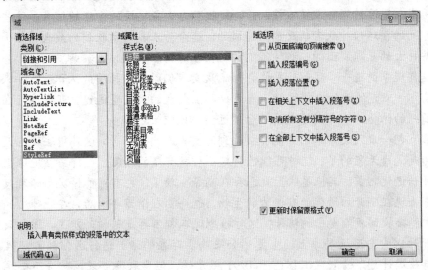

图 3.92　在奇数页页眉插入章名

（3）创建偶数页页眉

本操作与奇数页页眉的操作类似。

1）奇数页页眉创建后，单击"页眉和页脚工具-设计"选项卡→"导航"选项组→"下一节"按钮，光标将自动跳转到偶数页的页眉处。单击"导航"选项组→"链接到上一条页眉"按钮，使该按钮失效，本节设置的偶数页页眉不影响前面各节的偶数页页眉设置。

2）将光标置于偶数页页眉处，单击"插入"选项卡→"文本"选项组→"文档部件"下拉按钮，在下拉菜单中选择"域"命令，打开"域"对话框。在"类别"下拉列表框中选择"链接和引用"选项，在"域名"列表框中选择"StyleRef"选项，在"样式名"列表框中选择"标题2"样式，在"域选项"选项组中选择"插入段落编号"复选框，单击"确定"按钮，在偶数页页眉插入节序号。

3）继续单击"插入"选项卡→"文本"选项组→"文档部件"下拉按钮，在下拉菜单中选择"域"命令，打开"域"对话框。在"类别"下拉列表框中选择"链接和引用"选项，在"域名"列表框中选择"StyleRef"选项，在"样式名"列表框中选择"标题2"样式，单击"确定"按钮，在偶数页页眉插入节名。最后关闭页眉和页脚的设计视图。

设置完毕后浏览整个文档，选中"视图"选项卡"显示"选项组中的"导航窗格"复选框，显示出"导航窗格"，可以快速在各个章节中进行跳转。

【实训练习】

输入下面一篇文章并形成文档，然后按文后的要求进行实训练习。

辐射天文学大大地增进了我们对宇宙的了解。无线电望远镜较常规望远镜有一显著优点。无线电望远镜能全天候工作，并能接收来自十分遥远的星球的信号。这些信号是由外层空间的星球碰撞或者核反应所造成的。迄今为止我们所收到的最大的信号，似乎是由一些巨大的星球发出的。科学家们称这些星球为"类星体"。

对这些现象的进一步了解，或许会彻底改变我们对宇宙性质的认识。多年来，英国的乔德雷尔·班克的无线电望远镜一直是世界上最大的天文望远镜，可是最近在美国西弗吉尼亚州的休格格罗夫斯建成的一台望远镜，比它大一倍多。

将来有朝一日天文学家们可能会接收到外星人发出的信号，这种想法现在天文学家不再认为是荒唐无稽的了。这种可能性引起了种种有趣的猜测。也许早在地球上有智力的生物开始进化之前，其他星球上就已存在高等生物了，也有可能情况恰恰相反，在遥远的星球上现在刚开始进化的有智力的生物，也许要在千万年以后，在地球上的生物绝迹后，才能接收到我们发出的信号。这些推测现在都不再是科学幻想了，因为天文学家们已经开始探索与遥远星球上的生灵（如果确实存在的话）进行通信的可能性了。定名为"奥兹玛计划"的研究工作已于1991年开始，但要取得成果，也许还得在许多年之后。

参加"奥兹玛计划"的科学家们知道，他们不可能等待几千年或数百年去接收来自遥远星球的回音，所以他们把精力集中于那些离地球较近的星球，想和它们取得联系。最有可能联系成功的恒星之一是距离地球十一光年的鲸星T。假如地球上发出的信号被围绕鲸星T运转的一个行星上的有智力的生物所接收，则我们将等待二十二年才能收到其回音。西弗吉尼亚州的绿提望远镜是专门为了识别无规则的信号和可能出现的编码信号所设计的。即使最终建立了联系，天文学家也无法凭借我们人类的语言与外星人通信。

他们将应用数学，因为数学是唯一的真正的宇宙语言。数字的值到处都一样。因此，宇宙中任何地方的有智力的生物都会明白一个简单算术序列，它们会应用同样的方法来回答我们的信号。

表3.1 计算机发展时代划分

第一代	1946～1955 年	电子管
第二代	1956～1964 年	晶体管
第三代	1964～1970 年	中、小规模集成电路
第四代	1971 年至今	大、超大规模集成电路

表 3.2　主干课成绩表

姓名	课程			社会工作	备注
	语文	数学	英语		

操作要求：

1）给文章加标题"来自地球的问候"。

2）将标题居中，正文第一段设置首字下沉，下沉字体为红色、隶书，下沉行数为 2。

3）设置标题为华文行楷、加粗、一号、深蓝色、礼花绽放效果。

4）将第一段首行缩进 2 字符，第二段左、右缩进 2 字符。

5）设置标题段前间距 1 行，段后间距 1.5 行。

6）设置第二段为黑体、18.5 磅字、加粗、倾斜、阳文效果。

7）设置正文 1.5 倍行距。

8）将所有的"文学家"设成红色的"文学家"。

9）将第三段的"1991"设为西文字体 Times New Roman、倾斜、红色、字符间距加宽 3 磅，并加字符边框和底纹。

10）将文章最后一行"回答"一词位置降低 4 磅。

11）将第一段"辐射"两个字下沉 2 行，并将这两个字设为隶书、鲜绿色。

12）设置第三段为不等宽的两栏，并加分隔线。

13）设置第五段为等宽的两栏，要求栏宽 18 字符。

14）给第三段加 2.5 磅蓝色点画线样式的段落边框。

15）给第四段加浅黄色底纹，样式为浅色横线，线的颜色为红色，应用于段落。

16）在文章中插入任意一幅剪贴画，并设置文字环绕方式为浮于文字上方。

17）设置文档左右页边距 2 厘米，选择 A4 打印纸，应用于全文。

18）为文章设置任意字体的灰色半透明的倾斜水印背景，文本内容为"祝你成功！"。

19）插入图片文件，适当调整大小并衬于主标题下方。

20）给文档加页眉和页脚，页眉内容为"计算机基础"，居中对齐；页脚内容为所在系、班级、姓名，右对齐；在页面底端插入页码，居中对齐。

21）将正文第五段定义为新样式 1。

22）将表 3.1 转换为文本，文字分隔符为逗号；为转换后的文字设置"◆"项目符号。

23）在文末按表 3.2 绘制一个表格。

4 第4章 电子表格软件 Excel 2010

实训项目 1 Excel 2010 的基本操作

【实训要求】

✓ 熟练掌握 Excel 2010 的基本操作。
✓ 掌握单元格数据的编辑方法。
✓ 掌握填充序列及自定义序列的操作方法。
✓ 掌握工作表格式的设置方法及自动套用格式的使用方法。

【实训内容】

1. 启动与退出 Excel 2010

（1）启动 Excel 2010
1）通过"开始"菜单来启动 Excel 2010。
① 单击"开始"按钮，在弹出的"开始"菜单中选择"所有程序"命令。
② 打开"所有程序"列表，选择"Microsoft Office"命令；在弹出的子菜单中选择"Microsoft Excel 2010"命令。
2）通过桌面上的快捷方式图标启动。程序安装完成后，用户可以选择将程序的快捷图标显示在桌面上，需要启动 Excel 2010 时，可以双击该快捷方式图标。
（2）退出 Excel 2010
方法一：通过"关闭"按钮退出 Excel 2010。
方法二：通过 Backstage 视图退出 Excel 2010。
方法三：通过程序图标退出 Excel 2010。
方法四：用快捷菜单退出 Excel 2010。

2. 工作簿的基本操作

1）创建工作簿。
2）打开工作簿。
3）保存工作簿。
4）关闭工作簿。
5）设置新建工作簿的默认工作表数量。

3. 工作表的基本操作

1）插入工作表。
2）删除工作表。

3）重命名工作表。

4）选定多个工作表。

5）移动和复制工作表。

6）显示或隐藏工作表。

4．工作表数据的一般输入

1）输入文本。

2）输入数字。

3）输入日期和时间。

4）输入特殊符号。

5．工作表数据的批量输入

1）在多个单元格中输入相同的数据。

2）序列填充数据。

3）利用"序列"对话框填充数据。

4）自定义序列。

6．编辑工作表

1）选择操作对象。

2）修改单元格内容。

3）移动单元格内容。

4）复制单元格内容。

5）清除单元格。

6）插入与删除行、列、单元格。

7．格式化工作表

1）设置单元格格式。

2）调整行高和列宽。

3）设置条件格式。

4）套用表格格式。

【实例操作】

1．创建和编辑工作表

创建和编辑工作表，完成以下操作：①启动 Excel 2010 并更改工作簿的默认格式；②新建空白工作簿，并按图 4.1 所示内容输入数据；③利用数据填充功能完成有序数据的输入；④利用单元格的移动将"电饭煲"所在行置于"咖啡机"所在行的下方；⑤调整行高及列宽。

	A	B	C	D	E	F	G
1	某公司部分产品销量表						
2	产品名称	1季度销量	2季度销量	3季度销量	4季度销量	全年销量	
3	料理机	95	34	70	83		
4	电风扇	90	52	70	83		
5	剃须刀	71	54	93	89		
6	电饼铛	79	55	81	71		
7	电饭煲	52	60	70	80		
8	电火锅	70	60	52	81		
9	咖啡机	85	96	52	94		
10							

图 4.1　文字内容

（1）启动 Excel 2010 并更改默认格式

1）选择"开始"→"所有程序"→"Microsoft Office"→"Microsoft Excel 2010"命令，启动 Excel 2010。

2）选择"文件"→"选项"命令，打开"Excel 选项"对话框，在"常规"选项卡的"新建工作簿时"选项组中的"使用的字体"下拉列表框中选择"华文中宋"。

3）单击"包含的工作表数"数值框的上调按钮，将数值设置为5，如图 4.2 所示。单击"确定"按钮。

图 4.2　Excel 选项

4）设置了新建工作簿的默认格式后，弹出提示对话框，单击"确定"按钮，如图 4.3 所示。

图 4.3　"Microsoft Excel"提示对话框

5）将当前所打开的所有 Excel 2010 窗口关闭，然后重新启动 Excel 2010，新建一个 Excel 工作簿，并在单元格内输入文字，即可看到更改默认格式的效果。

（2）新建空白工作簿并输入文字

1）在默认状态下，启动 Excel 2010 后系统会自动创建一个新工作簿文档，标题栏显示"工作簿 1-Microsoft Excel"，当前工作表为 Sheet1。

2）选择"文件"→"新建"命令，单击"空白工作簿"图标，再单击"创建"按钮，如图 4.4 所示，系统会自动创建新的空白工作簿。

图 4.4　新建空白工作簿

3）选中 A1 为当前单元格，输入标题文字"某公司部分产品销量表"。

4）选中 A1:F1 区域（按住鼠标左键拖动，名称框中出现"1R×6C"，表示选中了 1 行 6 列），单击"开始"选项卡→"对齐方式"选项组→"合并后居中"按钮，即可实现单元格的合并及标题居中的功能。

5）单击 A2 单元格，输入"产品名称"；单击 F2 单元格，输入"全年销量"；然后单击 B3 单元格，输入数字，并用同样的方式完成其他产品和数字内容的输入。

（3）在表格中输入有序数据

1）单击 B2 单元格，输入"1 季度销量"，然后使用自动填充的方法，即将鼠标指针指向 B2 单元格右下角的填充柄处，当出现符号"+"时，按住【Ctrl】键并拖动鼠标至 E2 单元格。单击 E2 单元格右下角弹出的"自动填充选项"按钮，在弹出的下拉菜单中选中"填充序列"单选按钮，B2:E2 单元格会分别填入"1 季度销量""2 季度销量""3 季度销量""4 季度销量"4 个连续数据。

2）创建新的序列：选择"文件"→"选项"命令，打开"Excel 选项"对话框，选择"高级"选项卡，在"常规"选项组中单击"编辑自定义列表"按钮，如图 4.5 所示。

3）打开"自定义序列"对话框，如图 4.6 所示，在"输入序列"列表框中输入需要的序列条目，每个条目之间用","分隔，再单击"添加"按钮。

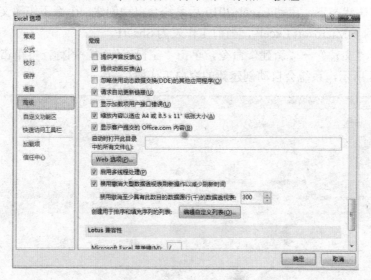

图 4.5 "高级"选项卡

图 4.6 "自定义序列"对话框

4）设置完毕后单击"确定"按钮，返回"Excel 选项"对话框，单击"确定"按钮，返回工作表，完成新序列的填充。

（4）单元格、行、列的移动与删除

1）选中 A7 单元格并向右拖动到 F7 单元格，即选中 A7:F7 区域。

2）在选中区域右击，在弹出的快捷菜单中选择"剪切"命令。

3）选中 A10 单元格，按【Ctrl+V】组合键完成粘贴操作。此时，"电饭煲"所在行已置于"咖啡机"所在行的下方。

4）右击 A7 单元格，在弹出的快捷菜单中选择"删除"命令，打开"删除"对话框，如图 4.7 所示。选中"整行"单选按钮，再单击"确定"按钮。

图 4.7　"删除"对话框

（5）调整行高、列宽

1）单击第 2 行左侧的行号"2"，然后向下拖动至第 9 行，选中从第 2 行到第 9 行的单元格，如图 4.8 所示。

	A	B	C	D	E	F	G
1			某公司部分产品销量表				
2	产品名称	1季度销量	2季度销量	3季度销量	4季度销量	全年销量	
3	料理机	95	34	70	83		
4	电风扇	90	52	70	83		
5	剃须刀	71	54	93	89		
6	电饼铛	79	55	81	71		
7	电火锅	70	60	52	81		
8	咖啡机	85	96	52	94		
9	电饭煲	52	60	70	80		
10							
11							

图 4.8　选择第 2～9 行

2）将鼠标指针移动到左侧的任意行号分界处，这时鼠标指针变为"⬍"形状，按住鼠标左键向下拖动，将出现一条虚线并随鼠标指针移动，显示行高的变化，如图 4.9 所示。

3）当拖动鼠标使虚线到达合适的位置后释放鼠标左键，这时所有选中的行高均被改变。

某公司部分产品销量表						
产品名称	1季度销量	2季度销量	3季度销量	4季度销量	全年销量	
科理机	95	34	70	83		
电风扇	90	52	70	83		
刮须刀	71	54	93	89		
电饼铛	79	55	81	71		
电火锅	70	60	52	81		
咖啡机	85	96	52	94		
电饭煲	52	60	70	80		

图 4.9　显示行高变化图

4）选中 F 列所有单元格，单击"开始"选项卡→"单元格"选项组→"格式"按钮，在弹出的下拉菜单中选择"列宽"命令。

5）打开"列宽"对话框，在文本框中输入列宽值"12"，单击"确定"按钮，完成列宽设置。

2．工作表格式化

完成以下操作：①设置字体、字号、颜色及对齐方式；②设置表格线；③设置数字格式；④在标题上方插入一行，输入创建日期，并设置日期显示格式；⑤设置单元格背景颜色。

（1）设置字体、字号、颜色及对齐方式

1）选中第 1 行数据，右击，在弹出的快捷菜单中选择"设置单元格格式"命令，打开"设置单元格格式"对话框。

2）选择"字体"选项卡，字体选择"宋体"，字号为"12"，颜色为"深蓝，文字 2，深色 50%"，如图 4.10 所示。

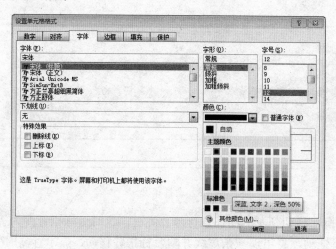

图 4.10　"字体"选项卡

3）选择"对齐"选项卡，文本水平对齐方式和垂直对齐方式均设置为"居中"，如图 4.11 所示。单击"确定"按钮。

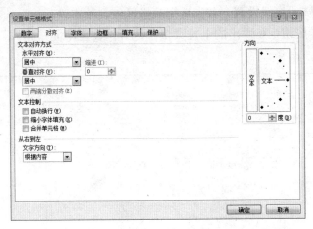

图 4.11　"对齐"选项卡

4）选中第 2 行，用同样的方法对第 2 行数据进行设置，将其颜色设置为黑色，字形设置为"加粗"。

5）选中第 3～9 行，在选中区域内右击，在弹出的快捷菜单中选择"设置单元格格式"命令，打开"设置单元格格式"对话框，选择"字体"选项卡，字体选择"宋体"，字号为"12"；然后选择"对齐"选项卡，文本水平对齐方式和垂直对齐方式均设置为"居中"，如图 4.11 所示。最后，单击"确定"按钮。

（2）设置表格线

1）选中 A2 单元格，并向右下方拖动鼠标，直到 F9 单元格，然后单击"开始"选项卡→"字体"选项组→"边框"按钮，在弹出的下拉菜单中选择"所有框线"命令，如图 4.12 所示。

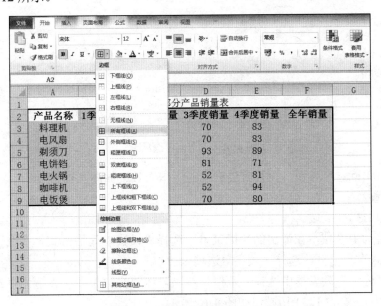

图 4.12　选择"所有框线"命令

2）如需做特殊边框线设置，首先选定表格区域，单击"开始"选项卡→"单元格"选项组→"格式"按钮，在弹出的下拉菜单中选择"设置单元格格式"命令，如图 4.13 所示。

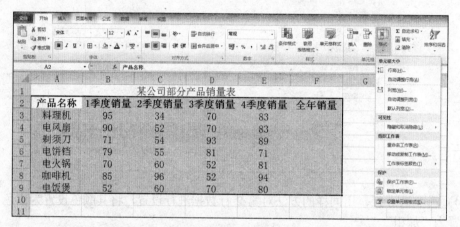

图 4.13　设置单元格格式

3）在"设置单元格格式"对话框中选择"边框"选项卡，选择一种线条样式后，在"预置"区域单击"外边框"按钮，如图 4.14 所示。

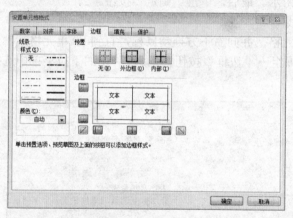

图 4.14　"边框"选项卡

4）单击"确定"按钮。设置完边框后的工作表效果如图 4.15 所示。

（3）设置数字格式

1）选中 B3:F9 区域。

2）右击选中区域，在弹出的快捷菜单中选择"设置单元格格式"命令，打开"设置单元格格式"对话框，选择"数字"选项卡。

3）在"分类"列表框中选择"数值"选项，将"小数位数"设置为"2"，在"负数"列表框中选择"（1234.10）"，如图 4.16 所示。

	A	B	C	D	E	F	G
1				某公司部分产品销量表			
2	产品名称	1季度销量	2季度销量	3季度销量	4季度销量	全年销量	
3	料理机	95	34	70	83		
4	电风扇	90	52	70	83		
5	剃须刀	71	54	93	89		
6	电饼铛	79	55	81	71		
7	电火锅	70	60	52	81		
8	咖啡机	85	96	52	94		
9	电饭煲	52	60	70	80		
10							
11							

图 4.15 设置边框后的工作表效果

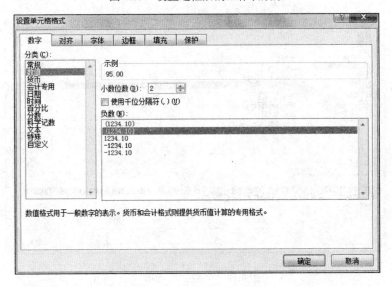

图 4.16 "数字"选项卡

4)单击"确定"按钮,应用设置后的数据效果如图 4.17 所示。

	A	B	C	D	E	F	G
1				某公司部分产品销量表			
2	产品名称	1季度销量	2季度销量	3季度销量	4季度销量	全年销量	
3	料理机	95.00	34.00	70.00	83.00		
4	电风扇	90.00	52.00	70.00	83.00		
5	剃须刀	71.00	54.00	93.00	89.00		
6	电饼铛	79.00	55.00	81.00	71.00		
7	电火锅	70.00	60.00	52.00	81.00		
8	咖啡机	85.00	96.00	52.00	94.00		
9	电饭煲	52.00	60.00	70.00	80.00		
10							
11							

图 4.17 设置数字格式后的工作表效果

(4)设置日期格式

1)将鼠标指针移动到第 1 行左侧的行号上,当鼠标指针变为"➡"时,单击可选中第 1 行中的全部数据。

2）右击选中的区域，在弹出的快捷菜单中选择"插入"命令。

3）在插入的空行中，选中 A1 单元格并输入"2017-8-8"，单击编辑栏左侧的"输入"按钮 ✓，结束输入状态。

4）选中 A1 单元格并右击，在弹出的快捷菜单中选择"设置单元格格式"命令，打开"设置单元格格式"对话框，选择"数字"选项卡。

5）在"分类"列表框中选择"日期"，在"类型"列表框中选择"二〇〇一年三月十四日"，单击"确定"按钮，如图4.18所示。

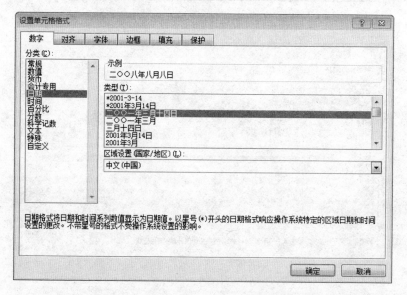

图 4.18 "数字"选项卡

6）选中 A1:B1 单元格区域，单击"开始"选项卡→"对齐方式"选项组→"合并后居中"按钮，将两个单元格合并为一个，应用设置后的效果如图4.19所示。

	A	B	C	D	E	F	G
1	二〇一七年八月八日						
2			某公司部分产品销量表				
3	产品名称	1季度销量	2季度销量	3季度销量	4季度销量	全年销量	
4	料理机	95.00	34.00	70.00	83.00		
5	电风扇	90.00	52.00	70.00	83.00		
6	剃须刀	71.00	54.00	93.00	89.00		
7	电饼铛	79.00	55.00	81.00	71.00		
8	电火锅	70.00	60.00	52.00	81.00		
9	咖啡机	85.00	96.00	52.00	94.00		
10	电饭煲	52.00	60.00	70.00	80.00		
11							

图 4.19 设置日期格式后的工作表效果

（5）设置单元格背景颜色

1）选中 A4:F10 单元格区域，然后单击"开始"选项卡→"字体"选项组→"填充颜色"下拉按钮 ，在弹出的下拉菜单中选择"紫色，强调文字颜色 4，淡色 80%"。

2）用同样的方法将 A3:F3 单元格中的背景设置为"深蓝，文字 2，淡色 80%"。

3）设置底纹时，选定底纹设置区域并右击，在弹出的快捷菜单中选择"设置单元格格式"命令，打开"设置单元格格式"对话框，选择"填充"选项卡，在"图案样式"下拉列表框中选择"6.25%灰色"，如图 4.20 所示。单击"确定"按钮，设置背景颜色后的工作表效果如图 4.21 所示。

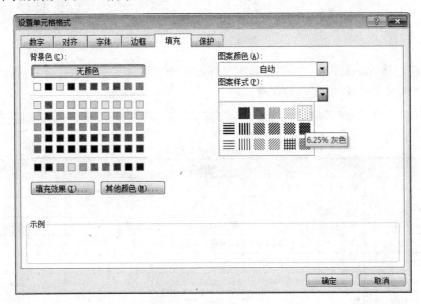

图 4.20   "填充"选项卡

	A	B	C	D	E	F	G
1	二〇一七年八月八日						
2			某公司部分产品销量表				
3	产品名称	1季度销量	2季度销量	3季度销量	4季度销量	全年销量	
4	料理机	95.00	34.00	70.00	83.00		
5	电风扇	90.00	52.00	70.00	83.00		
6	剃须刀	71.00	54.00	93.00	89.00		
7	电饼铛	79.00	55.00	81.00	71.00		
8	电火锅	70.00	60.00	52.00	81.00		
9	咖啡机	85.00	96.00	52.00	94.00		
10	电饭煲	52.00	60.00	70.00	80.00		
11							

图 4.21   设置背景颜色后的工作表效果

【实训练习】

1）打开工作簿，在 Sheet1 中录入图 4.22 中的内容，对图 4.22 所示的"学生成绩表"的标题行设置跨列居中，字体设置为黑体、18 磅、加粗、红色、浅绿色底纹；表格中其余数据水平居中，保留 2 位小数；为工作表中的 A2:G9 区域添加实线外框线、虚线内框线。

	A	B	C	D	E	F	G
1				学生成绩表			
2	学号	姓名	性别	数学	物理	外语	计算机
3	096001	王小丽	女	78.00	88.60	86.00	91.00
4	096002	张力华	男	66.30	73.00	81.00	97.00
5	096003	冯红	女	56.00	76.00	70.90	95.00
6	096004	田佳丽	女	79.00	60.50	86.00	67.50
7	096005	音平	男	90.00	73.00	89.00	93.00
8	096006	张三丰	男	98.00	89.00	50.00	86.00
9	096007	刘能	男	87.00	78.00	60.00	65.00

图 4.22　题 1）图

2）在表格 Sheet2 中，参照图 4.23 制作相应的表格（其中标题行合并后居中），并将 Sheet2 改名为"成绩表"，并保存。

	A	B	C	D	E	F	G	H	I
1					2016-2017学年护理一班				
2					第一学期成绩单				
3	学号	姓名	性别	出生年月	身份证号	数学	英语	计算机	平均成绩
4	201630201001	刘一曼	女	1998年3月16日	44010119980316××××	63	70	75	69.3
5	201630201002	赵秋雨	女	1999年1月22日	41110219990122××××	90	83	85	86.0
6	201630201003	宋成	男	1998年12月3日	41112119981203××××	55	80	88	74.3
7	201630201004	王红	女	1999年5月9日	41112219990509××××	85	77	70	77.3
8	201630201005	杨柳	男	1998年7月20日	41042619980720××××	76	82	70	76.0
9	201630201006	张涛	男	1998年9月30日	41020219980930××××	83	78	80	80.3
10	201630201007	赵一丹	女	1999年2月18日	41062219990218××××	67	77	87	77.0
11				课程平均成绩					

图 4.23　题 2）图

实训项目2　工作表的数据管理

【实训要求】

- ✓ 掌握常用函数的使用方法。
- ✓ 掌握数据的运算、管理、统计。
- ✓ 掌握使用条件格式设置单元格内容的方法，了解删除条件格式的方法。

【实训内容】

1. Excel 2010 工作表中公式的使用

公式的组成一般有 3 部分：等号、运算项、运算符。运算项包括常量、单元格或区域引用、标志、名称或工作表函数等。

（1）公式的运算符

公式的运算符包括算术运算符、比较运算符、文本运算符和引用运算符。

（2）公式的运算顺序

在公式的各类运算符中，运算优先顺序依次为引用运算符、算术运算符、文字运算符、比较运算符，括号内的运算优先进行。

（3）输入公式

在 Excel 中输入公式的步骤如下：

1）选取要输入公式的单元格。

2）输入 "="。

3）在 "=" 后输入公式表达式。

4）按【Enter】键确认，则该单元格中显示计算结果。

（4）修改公式

选中公式所在单元格，然后在编辑栏中进行修改，按【Enter】键确认。

（5）公式的移动、复制

公式的移动：公式的移动与单元格数据的移动方法相同。

公式的复制：公式的复制是数据计算过程中的常用操作，有以下两种方法：①用填充柄复制公式；②用快捷键复制公式。

公式的删除：选定公式所在单元格，按【Delete】键。

2. Excel 2010 工作表中的函数

（1）函数的语法

1）单独的函数位于公式之首，以等号开始；嵌套的函数前面不加等号。

2）函数名称后是括号，括号必须成对出现。

3）括号内是函数的参数，以逗号分隔多个参数。参数可以是数值、文本、逻辑值、数组、错误值或单元格引用。

（2）函数的参数

先看以下几个函数：SUM(1,2,3,4)，SUM(x,y,z)，SUM(A2,B2,C2)，SUM(A3+2,B3−1,C3*D3)。

函数的参数具有以下特征：

1）参数可以是常量，如 1、2、3、4 等；可以是变量，如未知数 x、y、z 等；可以是单元格地址引用，如 A2、B2、C3:F8 等；或者是一个表达式；也可以是一个函数。

2）有的函数不需要参数，有的需要多个参数，其中有些参数是可以选择的。

3）参数的类型和位置必须满足函数语法的要求。

函数输入有粘贴函数和直接输入两种方法。

常见的函数有求和函数 SUM，求平均值函数 AVERAGE，求最大值函数 MAX，求最小值函数 MIN，π函数 PI( )，平方根函数 SQRT，三角函数 SIN、COS，计数函数 COUNT，四舍五入函数 ROUND，条件判断函数 IF 等。

3. 单元格的引用和公式的复制

复制公式可以避免大量重复输入公式的工作。复制公式时，若在公式中引用单元格或区域，则在复制的过程中根据不同的情况使用不同的单元格引用。单元格引用分为相对引用、绝对引用和混合引用。

（1）相对引用

Excel 2010 中默认的单元格引用为相对引用。相对引用是当公式在复制或移动时会根据移动的位置自动调节公式中引用单元格的地址。如单元格 E3 中的公式为"=B3+C3+D3"，利用填充柄复制公式到 E4 单元格后，得到相应的结果"=B4+C4+D4"。同样，E5、E6 依次为"=B5+C5+D5""=B6+C6+D6"。公式从 E3 复制到 E4，列未变，行数增加 1。所以公式中引用的单元格也增加行数，由 B3、C3、D3 变为 B4、C4、D4。如果将公式由 E3 复制到 F3，则列增加了 1 个单位，此时公式将变为"=C3+D3+E3"。

（2）绝对引用

在行号、列号前加上"$"，则代表绝对引用。绝对引用是指当将一个含有单元格引用的公式复制到一个新的位置时，公式中的单元格引用不会发生改变。无论将公式复制到哪个单元格中，都将引用同一个单元格。运算项地址始终为原始引用，公式与引用的相对关系发生变化。绝对引用如A5、C2。

（3）混合引用

在同一个引用中，行（列）为绝对引用，列（行）为相对引用。混合引用如$A3（绝对引用列而相对引用行）、A$3（相对引用列而绝对引用行）。

【实例操作】

1. Excel 公式计算及加密

打开前面建立的"商品销售统计表.xlsx"，完成以下操作：①利用公式求出合计项数据；②保存文件并用密码进行加密。

（1）利用公式计算

1）单击 F4 单元格，以确保计算结果显示在该单元格。

2）直接用键盘输入公式"=B4+C4+D4+E4"，如图 4.24 所示。

3）单击编辑栏左侧的"输入"按钮 ✓ 结束输入状态，则在 F4 单元格显示出料理机的合计销售量。

4）用鼠标指向 F4 单元格的右下角，当鼠标指针变成"＋"形时，向下拖动鼠标，到 F10 单元格释放鼠标左键，则所有商品的销售情况被自动计算出来。

图 4.24　自动计算结果

（2）保存文件并加密

1）选择"文件"→"另存为"命令，打开"另存为"对话框，如图 4.25 所示。单击"工具"按钮，在弹出的下拉菜单中选择"常规选项"命令。

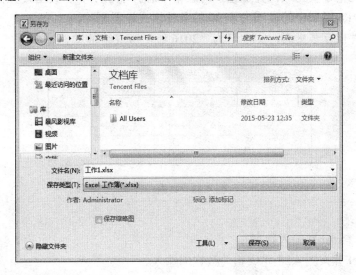

图 4.25　"另存为"对话框

2）在打开的"常规选项"对话框中输入打开权限密码，如图 4.26 所示。

3）单击"确定"按钮，打开"确认密码"对话框，再次输入步骤 2）中输入的密码，如图 4.27 所示。

4）单击"确定"按钮，完成设置。当再次打开该文件时就会要求输入密码。

5）单击"保存"按钮，保存文件。

图 4.26　"常规选项"对话框

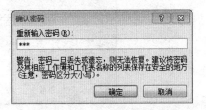

图 4.27　"确认密码"对话框

2. 工作表数据的统计运算

完成以下操作：

① 按照图 4.28 输入数据，并完成相应的格式设置。

② 计算每个学生成绩总分。

③ 计算各科成绩平均分。

④ 在"备注"列标出每位同学的通过情况：若"总分"不小于 180 分，则在"备注"列填"优秀"；若总分小于 180 分但不小于 150 分，则在"备注"列填"及格"，否则填"不及格"。

⑤ 将表格中所有成绩小于 60 分的单元格设置为红色并加粗，将表格中所有成绩大于 90 分的单元格设置为绿色并加粗，对表格中总分小于 180 的数据设置背景颜色。

⑥ 将 C3:F6 区域中的成绩大于 90 的条件格式设置删除。

⑦ 将文件保存至桌面，文件名为"2016级1班成绩单"。

	A	B	C	D	E	F	G
1	2016级1班成绩单						
2	学号	姓名	语文	数学	英语	总分	备注
3	303311	冯峰	79	16	38		
4	303312	武克勇	102	25	80		
5	303313	耿琳	93	21	34		
6	303314	张艺	92	23	57		
7	303315	刘念	87	14	59		
8	303316	岳洋	99	32	65		
9	303317	隋军	92	26	48		
10	平均分						

图 4.28　数据样表

操作步骤：

（1）启动 Excel 并输入数据

启动 Excel 并按图 4.28 完成相关数据的输入。

（2）计算总分的两种方法（公式和函数，其中函数用输入和插入两种方式）

1）单击 F3 单元格，输入公式"=C3+D3+E3"，按【Enter】键，移至 F4 单元格。

2）在 F4 单元格中输入公式"=SUM(C4:E4)"，按【Enter】键，移至 F5 单元格。

3）单击"开始"选项卡→"编辑"选项组→"求和"按钮 Σ ，此时 C5:F5 区域周围将出现闪烁的虚线边框，同时在 F5 单元格中显示求和公式"=SUM(C5:E5)"。公式中的区域以黑底黄字显示，如图 4.29 所示，按【Enter】键，移至 F6 单元格。

	A	B	C	D	E	F	G
1	2016级1班成绩单						
2	学号	姓名	语文	数学	英语	总分	备注
3	303311	冯峰	79	16	38	133	
4	303312	武克勇	102	25	80	207	
5	303313	耿琳	93	21	=SUM(C5:E5)		
6	303314	张艺	92	23	57		
7	303315	刘念	87	14	59		
8	303316	岳洋	99	32	65		
9	303317	隋军	92	26	48		
10	平均分						

图 4.29　利用公式求和

4）单击编辑栏中的"插入公式"按钮 **fx**，打开"插入函数"对话框，如图 4.30
所示。

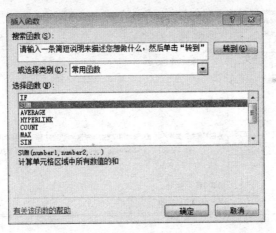

图 4.30　"插入函数"对话框

5）在"或选择类别"下拉列表框中选择"常用函数"选项，在"选择函数"列表
框中选择"SUM"函数。单击"确定"按钮，弹出"函数参数"对话框。

6）在"Number1"文本框中输入"C6:E6"，如图 4.31 所示。

7）单击"确定"按钮，返回工作表窗口。其余的总分可以使用填充柄完成。

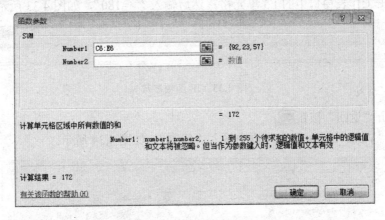

图 4.31　"函数参数"对话框

（3）计算平均分

1）选中 C10 单元格，单击"插入公式"按钮 **fx**，打开"插入函数"对话框，在"选
择函数"列表框中选择"AVERAGE"函数，单击"确定"按钮，打开"函数参数"对
话框。

2）在工作表窗口中选中 C3:C9 区域，在"Number1"文本框中即出现"C3:C9"，
如图 4.32 所示。

3）单击"确定"按钮，返回工作表窗口。

4）利用自动填充功能完成其余科目平均分的计算。

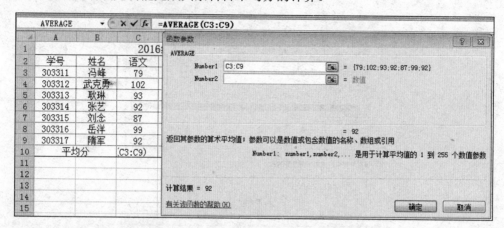

图 4.32　求平均分

（4）IF 函数的使用

1）选中 G3 单元格，单击"插入公式"按钮 f_x，打开"插入函数"对话框，在"选择函数"列表框中选择"IF"函数，单击"确定"按钮，打开"函数参数"对话框。

2）单击"Logical_test"文本框右侧的"拾取"按钮。

3）单击工作表窗口中的 F3 单元格，然后输入">=180"，如图 4.33 所示。

图 4.33　IF 函数参数

4）单击"返回"按钮。

5）在"Value_if_true"文本框中输入"优秀"，如图 4.34 所示。

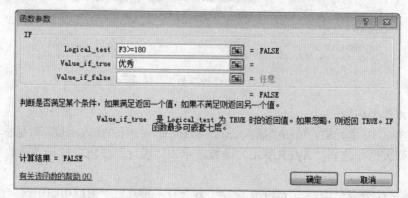

图 4.34　IF 函数参数设置

6）将光标定位到"Value_if_false"文本框中，单击名称框中的"IF"，打开"函数参数"对话框。

7）将光标定位到"Logical_test"文本框中，单击工作表窗口中的 F3 单元格，然后输入">=150"。

8）在"Value_if_true"文本框中输入"及格"，在"Value_if_false"文本框中输入"不及格"，如图 4.35 所示。

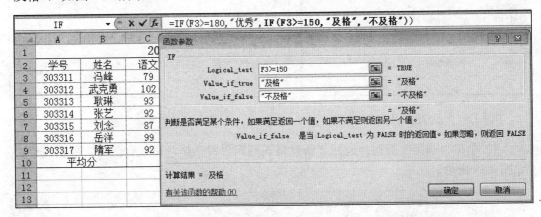

图 4.35　IF 函数参数

9）单击"确定"按钮，复制公式到 F4:F9 单元格区域，最终效果如图 4.36 所示。

	A	B	C	D	E	F	G
1			2016级1班成绩单				
2	学号	姓名	语文	数学	英语	总分	备注
3	303311	冯峰	79	16	38	133	不及格
4	303312	武克勇	102	25	80	207	优秀
5	303313	耿琳	93	21	34	148	不及格
6	303314	张艺	92	23	57	172	及格
7	303315	刘念	87	14	59	160	及格
8	303316	岳洋	99	32	65	196	优秀
9	303317	隋军	92	26	48	166	及格
10		平均分	92.00	22.43	54.43	168.86	

图 4.36　使用 IF 函数后的工作表效果

（5）条件格式的使用

1）选中 C3:E9 区域，单击"开始"选项卡→"样式"选项组→"条件格式"按钮，在弹出的下拉菜单中选择"新建规则"命令，打开"新建格式规则"对话框。

2）在"选择规则类型"列表框中选择"只为包含以下内容的单元格设置格式"选项。在"编辑规则说明"选项组中设置条件"单元格值小于 60"，如图 4.37 所示。

3）单击"格式"按钮，在打开的"设置单元格格式"对话框中选择"字体"选项卡，将颜色设置为"红色"，字形设置为"加粗"，如图 4.38 所示。

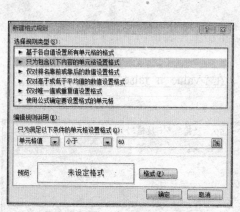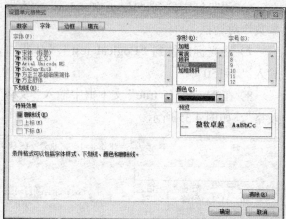

图 4.37　"新建格式规则"对话框　　　　图 4.38　"字体"选项卡

4）单击"确定"按钮，返回"新建格式规则"对话框，可以看到文字预览效果，如图 4.39 所示。

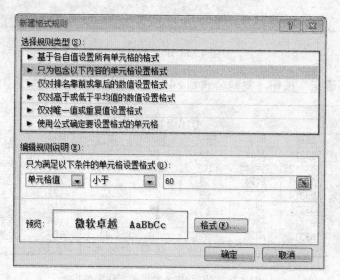

图 4.39　文字预览效果

5）单击"确定"按钮，关闭该对话框。

6）用同样的方式完成各科成绩大于 90 分的格式设置，要求为绿色字并加粗。

7）选中 F3:F9 区域，单击"开始"选项卡→"样式"选项组→"条件格式"按钮，在弹出的下拉菜单中选择"新建规则"命令，打开"新建格式规则"对话框，选择"只为包含以下内容的单元格设置格式"选项。在"编辑规则说明"选项组中设置条件"单元格值小于 180"。

8）单击"格式"按钮，在打开的"设置单元格格式"对话框中选择"填充"选项卡，将单元格底纹设置为"浅紫色"，如图 4.40 所示。

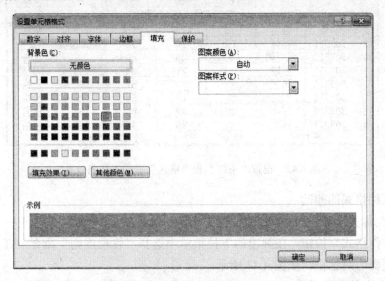

图 4.40　"填充"选项卡

9）单击"确定"按钮，返回"新建格式规则"对话框，可以看到文字预览效果，如图 4.41 所示。

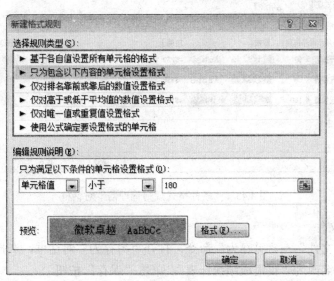

图 4.41　"新建格式规则"对话框

10）单击"确定"按钮，关闭该对话框，结果如图 4.42 所示。

A	B	C	D	E	F	G
			2016级1班成绩单			
学号	姓名	语文	数学	英语	总分	备注
303311	冯峰	79	16	38	133	不及格
303312	武克勇	102	25	80	207	优秀
303313	耿琳	93	21	34	148	不及格
303314	张艺	92	23	57	172	及格
303315	刘念	87	14	59	160	及格
303316	岳洋	99	32	65	196	优秀
303317	隋军	92	26	48	166	及格
	平均分	92.00	22.43	54.43	168.86	

图 4.42 设置"条件"和"格式"后的工作表效果

（6）条件格式的删除

1）将光标置于 C3:F9 区域中的任意单元格中，单击"开始"选项卡→"样式"选项组→"条件格式"按钮，在弹出的下拉菜单中选择"管理规则"命令，打开"条件格式规则管理器"对话框，如图 4.43 所示。

2）选中"单元格值>90"条件规则，单击"删除规则"按钮，该条件格式规则即被删除。

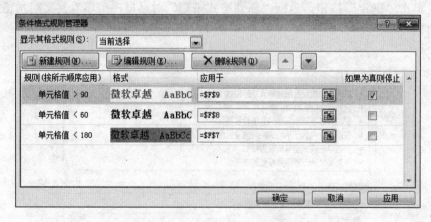

图 4.43 "条件格式规则管理器"对话框

（7）保存文件

1）选择"文件"→"另存为"命令，打开"另存为"对话框，选择保存路径。

2）将文件名改为"英语成绩统计表"，单击"保存"按钮。

【实训练习】

1）建立如图 4.44 所示的"期末成绩表"工作表，并按以下要求完成操作。

	A	B	C	D	E	F	G	H	I	J
1	学号	姓名	班级	语文	数学	英语	生物	政治	总分	平均分
2	120305	包宏伟		91.5	89	94	92	86		
3	120203	陈万地		93	99	92	86	92		
4	120104	杜学江		102	116	113	78	73		
5	120301	符合		99	98	101	95	78		
6	120306	吉祥		101	94	99	90	93		
7	120206	李北大		100.5	103	104	88	90		
8	120302	李娜娜		78	95	94	82	84		
9	120204	刘康锋		95.5	92	96	84	92		
10	120201	刘鹏举		93.5	107	96	100	93		
11	120304	倪冬声		95	97	102	93	88		
12	120103	齐飞扬		95	85	99	98	88		
13	120105	苏解放		88	98	101	89	91		

图 4.44 题 1）工作表

① 对工作表"期末成绩表"中的数据进行格式化操作：将"学号"列设为文本，将所有成绩列设为保留两位小数；加大行高、列宽，字体为楷体、字号为 12 磅，设置居中对齐方式，设置红色边框，为标题行设置黄色底纹，使工作表更加美观。

② 使用"条件格式"功能进行下列设置：为总分不低于 480 分的成绩所在的单元格填充红色底纹，为平均分高于 95 分的数值设置蓝色底纹。

③ 使用 AVERAGE 函数计算本班各门课程的平均分。

④ 复制"期末成绩表"工作表，将副本放置到原表之后；改变该副本表标签的颜色，并重新命名为"新成绩表"。

⑤ 在"新成绩表"工作表中，在"平均分"列右侧添加一个新列，字段名为"等级"，使用 IF 函数为平均分 95 分以上的同学设置"优秀"等级，为 95 分以下的同学设置"合格"等级，所有同学都要给出等级标识。

2）建立如图 4.45 所示的工作表，并按以下要求完成操作。

	A	B	C	D	E	F	G	H	I	J	K	L	M
1	姓名	员工代码	员工升级代码	性别	出生年月	年龄	工龄	职称	级别	是否评选			
2	张艳	PA103		女	1977年12月		19	技术员	2			统计条件	统计结果
3	王丽	PA104		女	1978年2月		14	助工	5			员工最高工龄	
4	赵楠	PA105		男	1963年11月		27	助工	5			女员工人数	
5	李丽	PA106		女	1976年7月		17	助工	5			工龄大于10年的人数	
6	李敏	PA107		男	1963年12月		27	高级工程师	8				
7	陈东	PA108		男	1982年10月		8	技术员	1				
8	马晰	PA109		女	1960年3月		31	高级工程师	5				
9	周娜	PA110		女	1969年1月		27	技术员	3				
10	刘兵	PA111		男	1956年12月		34	技工	3				
11	赵华	PA112		女	1970年4月		22	助工	5				

图 4.45 题 2）工作表

① 在 Sheet1 工作表中输入表中内容，字体为宋体、12 磅，设置边框和底纹、对齐

方式，并将 Sheet1 更名为"职工信息表"。

② 使用 REPLACE 函数，对 Sheet1 中员工代码进行升级。升级方法：在 PA 后面加上 0，将升级后的员工代码结果填入表中的"员工升级代码"列中。

③ 使用统计函数，统计员工的最高工龄，结果填入 M3 单元格内；统计女性员工的人数，结果填入 M4 单元格内；统计工龄大于 10 的人数，结果填入 M5 单元格内。

④ 使用时间函数求员工的年龄，并将结果填入"年龄"列；使用逻辑函数 IF 判断员工是否有资格评"工程师"。评选条件为：工龄大于等于 25，在"是否评选"列中显示"可以"。

3）建立如图 4.46 所示的工作表，并按以下要求完成操作。

学号	姓名	语文	数学	英语	总分	平均分
201630202001	毛莉	75	85	80		
201630202002	杨青	68	75	64		
201630202003	陈小英	58	69	75		
201630202004	陆冻冰	94	90	91		
201630202005	闻亚东	84	87	88		
201630202006	曹继武	72	68	85		
201630202007	彭晓玲	85	71	76		
201630202008	付珊珊	88	80	75		
201630202009	钟正秀	78	80	76		
201630202010	周晏露	94	87	82		
201630202011	柴安琪	60	67	71		
201630202012	吕秀杰	81	83	87		
201630202013	陈华	71	84	67		
201630202014	姚晓伟	68	54	70		
201630202015	刘晓瑞	75	85	80		
统计总分 260 以上的人数						

图 4.46 题 3）图

① 在 Sheet1 工作表中输入内容，字体为宋体，字号为 12，设置边框和底纹、对齐方式，并将 Sheet1 更名为"成绩表"。

② 使用公式或者函数求总分、平均分，其中平均分保留 2 位小数。使用 COUNTIF 函数统计总分大于等于 260 分以上的人数。

③ 在"平均分"列后添加字段"等级"，使用 IF 函数进行统计，平均分≥85 的为"优秀"，否则显示"良好"。

④ 将成绩表复制到 Sheet3 工作表中，并对数据进行筛选，条件是：英语≥75，总分≥250。

实训项目 3　数据图表的制作

【实训要求】

✓ 掌握 Excel 2010 中常用图表的建立方法。
✓ 掌握图表的设计、布局、格式化方法，了解图表与数据源的关系。
✓ 掌握图表类型的修改方法。

【实训内容】

图表是图形化的数据，它由点、线、面等图形与数据文件按特定的方式组合而成。一般情况下，用户使用 Excel 2010 工作簿内的数据制作图表，生成的图表也存放在工作簿中。图表是 Excel 的重要组成部分，具有直观形象、双向联动、二维坐标等特点。

Excel 2010 中的图表按显示位置的不同分为两种：一种是嵌入式的图表，图表和数据源在同一工作表中；另一种是独立图表，图表和数据源不在同一工作表中。

1. 创建图表

图表是依据工作表中的数据创建的，所以在创建图表之前，首先要创建一张含有数据的工作表。创建工作表后，就可以创建图表了。

2. 编辑和格式化图表

Excel 允许在建立图表之后对整个图表进行编辑，如更改图表类型、在图表中增加数据系列及设置图表标签等。

【实例操作】

启动 Excel 2010，打开前面建立的"2016 级 1 班成绩单"文件，完成以下操作：
① 对成绩单中每位同学 3 门课程的成绩，在当前工作表中建立嵌入式柱形图。
② 设置图表标题为"成绩单"，横坐标轴标题为姓名，纵坐标轴标题为分数。
③ 将图表中"数学"的填充色改为红色斜纹图案。
④ 为图表中"英语"的数据系列添加数据标签。
⑤ 更改纵坐标轴刻度设置。
⑥ 设置图表背景为"渐变填充"，边框样式为"圆角"，设置好后将工作表另存为"2016 级 1 班图表"文件。

操作步骤：

1．创建图表

1）启动 Excel 2010，打开"2016 级 1 班成绩单"文件。选择 B2:E9 区域的数据。

2）单击"插入"选项卡→"图表"选项组→"柱形图"按钮，在弹出的下拉菜单中选择"二维柱形图"→"簇状柱形图"，如图 4.47 所示。

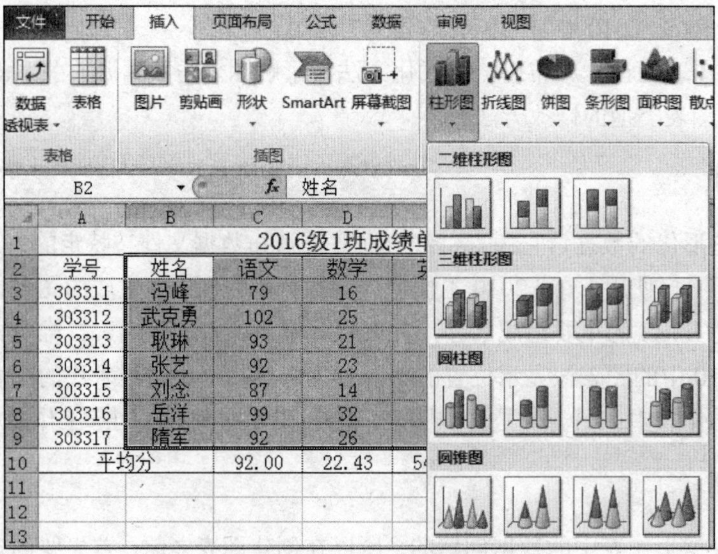

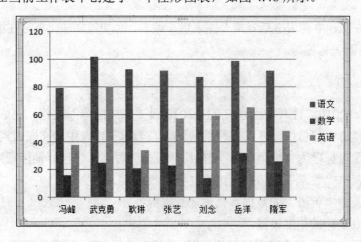

图 4.47　选择图表类型

此时，在当前工作表中创建了一个柱形图表，如图 4.48 所示。

图 4.48　创建图表

3）单击图表内空白处，然后按住鼠标左键进行拖动，将图表移动到工作表内的适当位置。

2．添加标题

1）选中图表可激活"图表工具"选项卡，其中包括"设计""布局""格式"选项卡。选择"图表工具-布局"选项卡→"标签"选项组→"图表标题"按钮→"图表上方"命令，如图 4.49 所示。

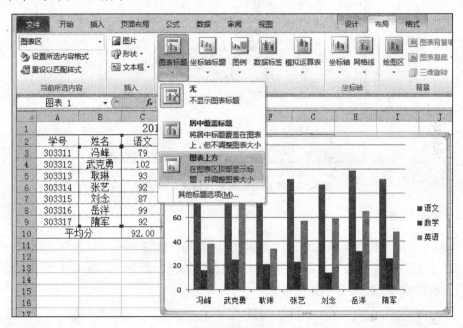

图 4.49　添加图表标题

2）在图表中的"标题"文本框中输入图表标题"2016 级 1 班成绩单"，单击图表空白区域完成输入。

3）单击"图表工具-布局"选项卡→"标签"选项组→"坐标轴标题"按钮，在弹出的下拉菜单中分别选择横坐标与纵坐标标题进行设置。

4）选中图表，然后拖动图表四周的控制点，调整图表的大小。

3．修饰数据系列图标

1）双击"数学"数据系列，或将鼠标指针指向该系列并右击，在弹出的快捷菜单中选择"设置数据系列格式"命令。

2）在打开的对话框中，在"填充"选项卡中选择图案填充样式，设置前景色为"红色"，如图 4.50 所示。

图 4.50　"设置数据系列格式"对话框

4. 添加数据标签

选中"英语"数据系列，单击"图表工具-布局"选项卡→"标签"选项组→"数据标签"按钮，在弹出的下拉菜单中选择"数据标签外"命令，如图 4.51 所示。图表中"英语"数据系列上方即显示数据标签。

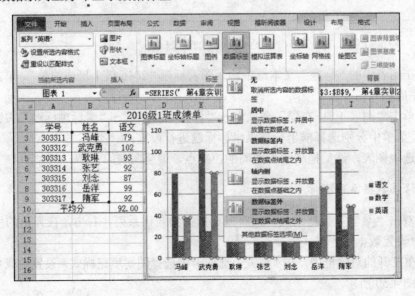

图 4.51　添加标签

5. 设置纵坐标轴刻度

1）双击纵坐标轴上的刻度值，打开"设置坐标轴格式"对话框，在"坐标轴选项"选项卡中将"主要刻度单位"设置为 20，如图 4.52 所示。

图 4.52　"设置坐标轴格式"对话框

2）设置完毕后，单击"关闭"按钮。

6. 设置图表背景并保存文件

1）分别双击图例和图表空白处，在相应的对话框中进行设置，绘图区和图表区的设置参考图 4.53 和图 4.54。

图 4.53　设置填充颜色

图 4.54 设置边框样式

2）设置完毕后，单击"关闭"按钮，效果如图 4.55 所示。

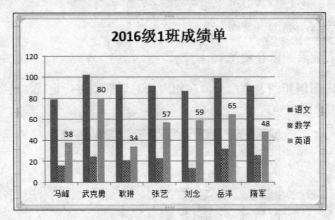

图 4.55 图表最终效果图

3）将嵌入图表后的工作表另存为"2016 级 1 班成绩单"文件。

【实训练习】

1）建立如图 4.56 所示的工作表，并在实训项目 2 实训练习的基础上，以语文、数学、英语成绩为数据生成堆积柱形图存放到一个新工作表中，命名为"柱形图"，图表标题为成绩表，X 轴为姓名。

学号	姓名	语文	数学	英语	总分	平均分
201630202001	毛莉	75	85	80		
201630202002	杨青	68	75	64		
201630202003	陈小英	58	69	75		
201630202004	陆冻冰	94	90	91		
201630202005	闻亚东	84	87	88		
201630202006	曹继武	72	68	85		
201630202007	彭晓玲	85	71	76		
201630202008	付珊珊	88	80	75		
201630202009	钟正秀	78	80	76		
201630202010	周晏露	94	87	82		
201630202011	柴安琪	60	67	71		
201630202012	吕秀杰	81	83	87		
201630202013	陈华	71	84	67		
201630202014	姚晓伟	68	54	70		
201630202015	刘晓瑞	75	85	80		
统计总分 260 以上的人数						

图 4.56　题 1）图

2）建立图 4.57 所示的工作表，并按以下要求完成操作。

图 4.57　题 2）图

① 将工作表中 A1:D1 区域合并为一个单元格，内容水平居中。

② 计算"总销量"和"所占比例"列的内容（所占比例=数量/总销量；"总销量"行不计，单元格数字格式为百分比，保留两位小数）。

③ 按降序计算各配件的销售数量排名（利用 RANK.EQ 函数）。

④ 将工作表命名为"电脑城日出货统计表"。

⑤ 选取"配件"和"所占比例"两列内容建立"分离型三维饼图"（"总销量"行不计，数据系列产生在"列"），在图表上方插入图表标题为"电脑城日出货统计图"，图例位置在底部，设置数据标志为显示"百分比"，将图表移动到 Sheet2 工作表中。

实训项目 4　数据清单和数据透视表的制作

【实训要求】

- ✓ 了解 Excel 2010 的数据处理功能。
- ✓ 掌握数据清单的排序方法。
- ✓ 掌握数据清单的筛选方法。
- ✓ 掌握数据的分类汇总方法。
- ✓ 了解数据透视表向导的使用方法。
- ✓ 掌握建立简单数据透视表的方法。
- ✓ 掌握创建合并计算报告的方法。

【实训内容】

1. 数据清单

数据清单是指工作表中一个连续存放数据的单元格区域。数据清单作为一种特殊的二维表格，其特点如下：

1）清单中的每一列为一个字段，存放相同类型的数据。每列必须有列标题，且这些列标题必须唯一，还必须在同一行上。

2）列标题必须在数据的上面。

3）每一行为一条记录，即由各个字段值组合而成。

4）清单中不能有空行或空列，最好不要有空单元格。

2. 数据的排序

Excel 2010 提供了多种方法对工作表区域进行排序，用户可以根据需要按行或列、按升序或降序使用自定义排序命令。当用户按行进行排序时，数据列表中的列将被重新排列，但行保持不变；如果按列进行排序，行将被重新排列，而列保持不变。

3. 数据的筛选

筛选数据列表就是将不符合特定条件的行隐藏起来，这样可以更方便地对数据进行查看。Excel 2010 提供了两种筛选数据列表的命令，即自动筛选（适用于简单的筛选条件）和高级筛选（适用于复杂的筛选条件）。

4. 数据的分类汇总

分类汇总是 Excel 2010 中的常用功能之一，它能够快速地以某一个字段为分类项，对数据列表中的数值字段进行各种统计计算,如求和、计数、平均值、最大值、最小值、乘积等。

需要特别指出的是,在分类汇总之前,必须先对需要分类的数据项进行排序,再按该字段进行分类,并分别为各类数据的数据项进行统计汇总。

【实例操作】

1. 数据列表的数据处理方式

完成以下操作:

① 在 Sheet1 工作表中输入如图 4.58 所示的数据,并将 Sheet1 工作表中的内容复制至两个新工作表中。将 3 个工作表名称分别更改为"排序""筛选""分类汇总"。将 Sheet2 和 Sheet3 工作表删除。

② 使用"排序"工作表中的数据,以"基本工资"为主要关键字,以"奖金"为次要关键字降序排序。

③ 使用"筛选"工作表中的数据,筛选出"部门"为研发部并且"基本工资"大于等于 8000 的记录。

④ 使用"分类汇总"工作表中的数据,以"部门"为分类字段,将"基本工资"进行"平均值"分类汇总。

江东讯通公司人员				
姓名	部门	基本工资	奖金	津贴
谢晓慧	人事部	5000	1860	500
安若琪	销售部	8000	2000	300
张悦	企划部	6000	3000	200
韩璐	研发部	12000	2600	1000
董晓芬	销售部	7500	1200	600
崔文娟	企划部	6800	1560	800
郭二花	研发部	8600	1870	1000
于亚琪	销售部	6900	2000	800
刘梦微	企划部	7800	1000	400

图 4.58　数据样表

操作步骤:

(1)工作表的管理

1)启动 Excel 2010,在 Sheet1 工作表中按图 4.58 所示数据完成输入。

2)右击"Sheet1"工作表标签,在弹出的快捷菜单中选择"移动或复制"命令,打开"移动或复制工作表"对话框,选择"Sheet1"工作表,选中"建立副本"复选框,如图 4.59 所示。

3)单击"确定"按钮,将增加一个复制的工作表,它与原工作表 sheet1 中的内容相同,默认名称为"Sheet1(2)"。

4)用同样的方法创建另一张工作表,其默认名称为"Sheet1(3)"。

图 4.59 "移动或复制工作表"对话框

5）右击 Sheet1 工作表标签，在弹出的快捷菜单中选择"重命名"命令，然后在标签处输入新的名称"排序"。

6）用同样的方式修改"Sheet1（2）"和"Sheet1（3）"工作表的名称。

7）右击 Sheet2 工作表标签，在弹出的快捷菜单中选择"删除"命令，则删除该工作表标签。用同样的方法将工作表 Sheet3 删除。

（2）数据排序

1）使用"排序"工作表中的数据，将光标定位在数据区域任意单元格中，单击"数据"选项卡→"排序和筛选"选项组→"排序"按钮，打开"排序"对话框。在"主要关键字"下拉列表框中选择"基本工资"字段，在"次序"下拉列表框中选择"降序"选项。

2）单击"添加条件"按钮，增加"次要关键字"设置选项，在"次要关键字"下拉列表框中选择"奖金"字段，在"次序"下拉列表框中选择"降序"选项，如图 4.60 所示。

图 4.60 "排序"对话框

3）单击"确定"按钮，即可将员工按基本工资以降序方式进行排序，基本工资相同时按奖金进行降序排序，如图 4.61 所示。

（3）数据筛选

1）使用"筛选"工作表中的数据，将光标定位在第 2 行的任意单元格中，单击"数据"选项卡→"排序和筛选"选项组→"筛选"按钮，这时第 2 行各单元格中出现图 4.62 所示的下拉按钮。

	江东讯通公司人员			
姓名	部门	基本工资	奖金	津贴
韩璐	研发部	12000	2600	1000
郭二花	研发部	8600	1870	1000
安若琪	销售部	8000	2000	300
刘梦微	企划部	7800	1000	400
董晓芬	销售部	7500	1200	600
于亚琪	销售部	6900	2000	800
崔文娟	企划部	6800	1560	800
张悦	企划部	6000	3000	200
谢晓慧	人事部	5000	1860	500

图 4.61　排序后的工作表

	江东讯通公司人员			
姓名	部门	工资	资金	津贴
谢晓慧	人事部	5000	1860	500
安若琪	销售部	8000	2000	300
张悦	企划部	6000	3000	200
韩璐	研发部	12000	2600	1000
董晓芬	销售部	7500	1200	600
崔文娟	企划部	6800	1560	800
郭二花	研发部	8600	1870	1000
于亚琪	销售部	6900	2000	800
刘梦微	企划部	7800	1000	400

图 4.62　设置筛选后的工作表

2）单击"部门"单元格中的下拉按钮，在弹出的下拉列表中选择"研发部"，如图 4.63 所示。单击"确定"按钮，即可筛选出部门为"研发部"的数据。

3）单击"基本工资"单元格中的下拉按钮，在弹出的下拉列表中选择"数字筛选"→"大于或等于"命令，如图 4.64 所示。

图 4.63　筛选设置（一）

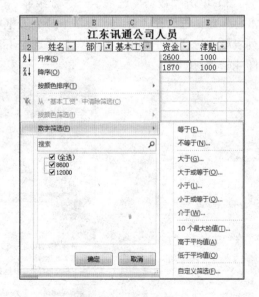

图 4.64　筛选设置（二）

4）在打开的"自定义自动筛选方式"对话框中，设置筛选条件为"基本工资大于或等于 8000"，如图 4.65 所示。

5）单击"确定"按钮，即可筛选出基本工资大于等于 8000 的记录，如图 4.66 所示。

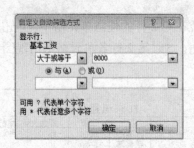

图 4.65 "自定义自动筛选方式"对话框   图 4.66 自定义筛选后的工作表效果

6）分别单击"部门"和"基本工资"单元格中的下拉按钮，在弹出的下拉列表中选择"全部"选项，则会显示原来的所有数据。

（4）分类汇总

1）使用"分类汇总"工作表中的数据，将光标定位在数据区域的任意单元格中，单击"数据"选项卡→"排序和筛选"选项组→"排序"按钮，打开"排序"对话框。在"主要关键字"下拉列表框中选择"部门"字段，在"次序"下拉列表框中选择"降序"选项。

2）单击"确定"按钮，即可将数据按部门的降序方式进行排序。

3）单击"数据"选项卡→"分级显示"选项组→"分类汇总"按钮，打开"分类汇总"对话框。在"分类字段"下拉列表框中选择"部门"字段，在"汇总方式"下拉列表框中选择"平均值"选项，在"选定汇总项"列表框中选择"基本工资"字段，如图 4.67 所示。

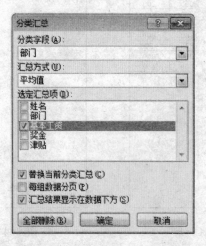

图 4.67 "分类汇总"对话框

4）选中"替换当前分类汇总"与"汇总结果显示在数据下方"复选框，单击"确定"按钮，效果如图 4.68 所示。

5）单击分类汇总表左侧的减号，即可折叠分类汇总表，结果如图 4.69 所示。

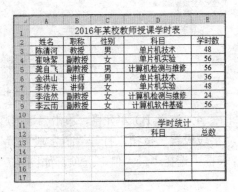

图 4.68　汇总后的工作表效果		图 4.69　折叠分类汇总表效果	

2．数据透视表与合并计算

完成以下操作：

① 在 Sheet1 工作表中输入图 4.70 中的数据，创建数据透视表。

② 在 Sheet2 工作表中输入图 4.71 中的数据，在"学时统计"中进行总学时数合并计算。

图 4.70　样表（一）　　　　　　　　图 4.71　样表（二）

操作步骤：

（1）建立数据透视表

1）按照图 4.70 在 Sheet1 工作表中输入数据。

2）单击数据区域中的任意一个单元格，选择"插入"选项卡，在"表格"选项组中单击"数据透视表"按钮，打开"创建数据透视表"对话框，如图 4.72 所示。

3）单击"确定"按钮，即可创建一个空白的数据透视表，并在窗口的右侧显示"数据透视表字段列表"窗格，在其中选择需要的字段，并在左侧的数据透视表中显示出来，效果如图 4.73 所示。

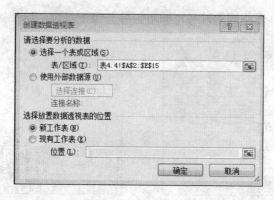

图 4.72　"创建数据透视表"对话框

行标签	求和项:第1季	求和项:第2季	求和项:第3季	求和项:第4季度
《Access数据库程序设计》	22	30	42	28
《C语言程序设计》	43	32	41	39
《Java语言程序设计》	35	45	36	49
《MS Office高级应用》	31	33	31	23
《MySQL数据库程序设计》	22	44	21	19
《VB语言程序设计》	33	29	23	35
《计算机组成与接口》	30	25	23	43
《嵌入式系统开发技术》	43	40	30	26
《软件测试技术》	39	38	12	48
《数据库技术》	43	22	15	40
《数据库原理》	44	38	14	42
《网络技术》	19	35	48	40
《信息安全技术》	40	19	29	48
总计	444	430	365	480

图 4.73　数据透视表

4）选择 B3 单元格，单击"数据透视表工具-选项"选项卡→"活动字段"选项组→"字段设置"按钮，打开"值字段设置"对话框，选择"值汇总方式"选项卡，在其列表框中选择"最大值"选项，如图 4.74 所示。

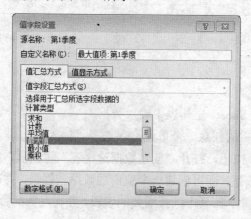

图 4.74　"值字段设置"对话框

5）单击"确定"按钮，此时，"第 1 季段"的数据在总计项中显示最大值，效果如图 4.75 所示。

	A	B	C	D	E
1					
2					
3	行标签	最大值项:第1季度	求和项:第2季度	求和项:第3季度	求和项:第4季度
4	《Access数据库程序设计》	22	30	42	28
5	《C语言程序设计》	43	32	41	39
6	《Java语言程序设计》	35	45	36	49
7	《MS Office高级应用》	31	33	31	23
8	《MySQL数据库程序设计》	22	44	21	19
9	《VB语言程序设计》	33	29	23	35
10	《计算机组成与接口》	30	25	23	43
11	《嵌入式系统开发技术》	43	40	30	26
12	《软件测试技术》	39	38	12	48
13	《数据库技术》	43	22	15	40
14	《数据库原理》	44	38	14	42
15	《网络技术》	19	35	48	40
16	《信息安全技术》	40	19	29	48
17	总计	44	430	365	480

图 4.75　设置后的效果

（2）数据合并计算

1）按照样图 4.71 在 Sheet2 工作表中输入数据。

2）将光标定位到"学时统计"中"科目"下方的单元格中，单击"数据"选项卡→"数据工具"选项组→"合并计算"按钮，打开"合并计算"对话框，如图 4.76 所示。

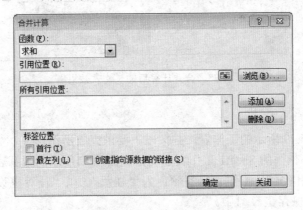

图 4.76　"合并计算"对话框

3）在"合并计算"对话框的"函数"下拉列表中框选择"求和"函数。

4）单击"引用位置"文本框后面的拾取按钮后，选中"科目"和"学时数"两列数据，单击返回按钮返回"合并计算"对话框，如图 4.77 所示。

5）单击"添加"按钮，将选择的源数据添加到"所有引用位置"列表框中。

6）在"标签位置"选项组中选中"最左列"复选框。

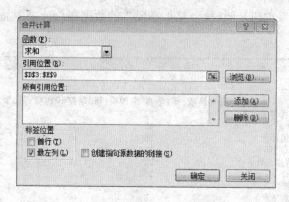

图 4.77 "合并计算"对话框

7）单击"确定"按钮返回工作表，效果如图 4.78 所示。

	A	B	C	D	E
1	2016年某校教师授课学时表				
2	姓名	职称	性别	科目	学时数
3	陈清河	教授	男	单片机技术	48
4	崔咏絮	副教授	女	单片机实验	56
5	龚自飞	副教授	男	计算机检测与维修	56
6	金洪山	讲师	男	单片机技术	36
7	李传东	讲师	女	单片机实验	48
8	李浩然	副教授	女	计算机检测与维修	24
9	李云雨	副教授	女	计算机软件基础	56
10					
11				学时统计	
12				科目	总数
13				单片机技术	84
14				单片机实验	104
15				计算机检测与维修	80
16				计算机软件基础	56

图 4.78 合并计算后的工作表效果

【实训练习】

1）建立如图 4.79 所示的工作表，并按以下要求完成操作。

① 在 Excel 工作簿的 Sheet1 工作表中制作如图 4.79 所示的数据表，并将 Sheet1 工作表命名为"销售情况"，工作表标签颜色为"红色"，以"计算机设备全年销售统计表.xlsx"为文件名保存在 D 盘中。

② 设置对齐方式及"销售额"数据列的数值格式（保留 2 位小数），并为数据区域增加边框线。运用公式计算"销售情况"工作表中 G 列的销售额。

③ 为"销售情况"工作表中的销售数据创建一个数据透视表，放置在一个名为"数据透视分析"的新工作表中，要求针对各类商品比较各门店每个季度的销售额。其中，"商品名称"为报表筛选字段，"店铺"为行标签，"季度"为列标签，并对销售额求和。最后，对数据透视表进行格式设置，使其更加美观。

④ 根据生成的数据透视表，在透视表下方创建一个簇状柱形图，图表中仅对各门店 4 个季度笔记本的销售额进行比较。

序号	店铺	季度	商品名称	商品单价	销售量	销售额
大地公司某品牌计算机设备全年销量统计表						
001	西直门店	1季度	笔记本	4530	200	
002	西直门店	2季度	笔记本	4530	150	
003	西直门店	3季度	笔记本	4530	250	
004	西直门店	4季度	笔记本	4530	300	
005	中关村店	1季度	笔记本	4530	230	
006	中关村店	2季度	笔记本	4530	180	
007	中关村店	3季度	笔记本	4530	290	
008	中关村店	4季度	笔记本	4530	350	
017	西直门店	1季度	台式机	3200	260	
018	西直门店	2季度	台式机	3200	243	
019	西直门店	3季度	台式机	3200	362	
020	西直门店	4季度	台式机	3200	377	
021	中关村店	1季度	台式机	3200	261	
022	中关村店	2季度	台式机	3200	349	
023	中关村店	3季度	台式机	3200	400	
024	中关村店	4季度	台式机	3200	416	

图 4.79　题 1）图

2）在 Excel 工作簿中输入如图 4.80 所示的数据，要求从 A1 单元格开始输入，然后根据以下要求操作。

姓名	性别	出生年月	年龄	所在区域
王一	男	1967-6-15		宝安区
张二	女	1974-9-25		龙岗区
林三	男	1953-2-21		福田区
胡四	女	1996-3-30		龙岗区
吴五	男	1978-8-8		南山区
章六	女	1958-7-4		宝安区
陆七	女	1977-8-21		宝安区
苏八	男	1978-10-8		龙岗区
韩九	女	1965-7-4		宝安区
年龄40岁以上的用户人数				

图 4.80　题 2）图

① 设置相应的边框、底纹和对齐方式，将 Sheet1 重命名为"个人信息表"。

② 设置出生年月以"年 月 日"格式显示（如 2017 年 3 月 1 日）。使用时间函数 YEAR 和 NOW，根据出生年月计算用户的年龄。

③ 利用 COUNTIF 函数统计年龄">=40"岁的用户人数，将结果填入单元格中。

④ 在新工作表中创建一张数据透视表，显示每个区域所拥有的男女用户数量，其中：列标签为"性别"，行标签为"所在区域"，数值项为"姓名"计数。

3）在 Excel 工作簿中输入如图 4.81 所示的数据，要求从 A1 单元格开始输入，然后根据以下要求操作。

	A	B	C	D	E	F	G	H	I
1	姓名	楼号	户型	面积	单价	契税	房价总额	契税总额	销售人员
2	刀白凤	5-101	两室一厅	125.12	6821	1.50%			人员甲
3	秦红棉	5-102	三室两厅	158.23	7024	3%			人员甲
4	王语嫣	5-201	两室一厅	125.12	7125	1.50%			人员甲
5	木婉清	5-202	三室两厅	158.23	7257	3%			人员乙
6	公孙止	5-301	两室一厅	125.12	7529	1.50%			人员丙
7	乔峰	5-302	三室两厅	158.23	7622	3%			人员丙
8	风波恶	5-401	两室一厅	125.12	8023	1.50%			人员戊
9	段誉	5-402	三室两厅	158.23	8120	3%			人员戊
10	慕容复	5-501	两室一厅	125.12	8621	1.50%			人员乙
11	李秋水	5-502	三室两厅	158.23	8710	3%			人员甲

图 4.81　题 3）图

① 在 Sheet1 工作表中输入表中内容，设置相应的边框、底纹和对齐方式，并将 Sheet1 更名为"销售表"。

② 使用公式计算房价总额和契税总额。房价总额=面积×单价，契税总额=契税×房价总额。将销售表排序，按房价总额降序排列。

③ 设置条件格式，单价为 7000～8000 元的设置为红色字体。

④ 将销售表复制到 Sheet2 工作表中，并对数据进行筛选，筛选出房价总额在 1 000 000 元以上的记录。

⑤ 根据销售表中的结果生成数据透视表，显示每个销售人员销售房屋所缴纳契税总额，行标签为"销售人员"，数值项设置为"契税总额"，并将其放置到名为"数据透视表"的新工作表中。

5

第 5 章 演示文稿软件 PowerPoint 2010

实训项目 1　PowerPoint 2010 的基本操作

【实训要求】

- ✓ 掌握 PowerPoint 2010 的启动和退出方法。
- ✓ 了解 PowerPoint 2010 的界面和视图方式。
- ✓ 掌握演示文稿的建立、打开和保存方法。
- ✓ 掌握幻灯片的选择、插入、删除、移动和复制方法。
- ✓ 掌握更改幻灯片版式的方法。
- ✓ 掌握各种对象的添加及其格式的设置方法。

【实训内容】

1. PowerPoint 2010 的启动和退出

（1）PowerPoint 2010 的启动方式

1）选择"开始"→"所有程序"→"Microsoft Office"→"Microsoft PowerPoint 2010"命令。

2）双击桌面上已经建立的 PowerPoint 2010 快捷方式。

3）双击某个 PowerPoint 演示文稿文件。

（2）PowerPoint 2010 的退出

1）单击 PowerPoint 2010 窗口标题栏右端的"关闭"按钮。

2）单击 PowerPoint 2010 窗口左上角的控制图标，在弹出的控制菜单中选择"关闭"命令，或者直接双击该控制图标。

3）选择"文件"选项卡中的"退出"命令。

4）单击 PowerPoint 2010 窗口右上角的"关闭"按钮，或按【Alt+F4】组合键。

2. PowerPoint 2010 的界面和视图方式

PowerPoint 2010 的窗口由标题栏、快速访问工具栏、功能区、幻灯片/大纲窗格、幻灯片编辑窗口、状态栏和视图栏等组成，如图 5.1 所示。

PowerPoint 2010 有 4 种常用的视图模式，包括普通视图、幻灯片浏览视图、阅读视图和幻灯片放映视图，可以单击 PowerPoint 窗口状态栏右侧的视图切换按钮进行切换。除了这 4 种视图外，PowerPoint 2010 中还有备注页、幻灯片母版、讲义视图等模式，可以在"视图"选项卡中选择视图模式。

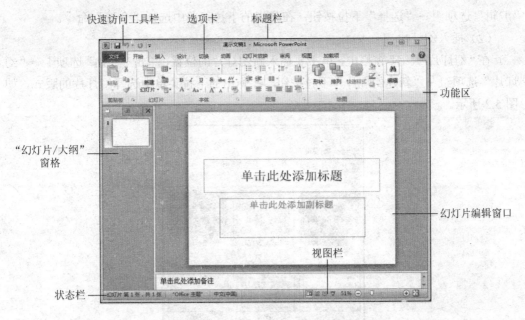

图 5.1 PowerPoint 2010 窗口的组成

3. 演示文稿的建立、打开和保存

（1）新建演示文稿

1）启动 PowerPoint 后，系统会自动新建一个空白演示文稿。

2）选择"文件"→"新建"→"空演示文稿"命令或选择一种模板。

（2）打开已保存的演示文稿

选择"文件"→"打开"命令，在打开的"打开"对话框中选择 Power Point 文件，单击"打开"按钮。

（3）保存演示文稿

选择"文件"→"保存"命令，在打开的"另存为"对话框中设置文件保存路径、文件名、文件类型（系统默认类型.pptx），单击"保存"按钮。

4. 幻灯片的选择、插入、删除、移动和复制

（1）选择幻灯片

在"幻灯片/大纲"窗格中，单击幻灯片缩略图即可选中一张幻灯片。

如果要选择多张连续的幻灯片，可以先选中多张幻灯片中的第一张，然后按住【Shift】键，再单击选择最后一张幻灯片，就可以选中多张连续的幻灯片。

如果要选择多张不连续的幻灯片，可以先选中一张幻灯片，然后按住【Ctrl】键再分别单击其他要选中的幻灯片，就可以选中多张不连续的幻灯片。

如果要选择所有幻灯片，可以使用【Ctrl+A】组合键，或者单击"开始"选项卡→

"编辑"选项组→"选择"下拉按钮，在弹出的下拉菜单中选择"全选"命令。

（2）插入幻灯片

在"幻灯片/大纲"窗格中，单击要插入新幻灯片的位置，单击"开始"选项卡→"幻灯片"选项组→"新建幻灯片"下拉按钮，在弹出的下拉菜单中选择幻灯片的版式，如图 5.2 所示。

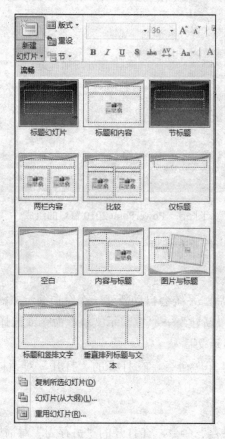

图 5.2 "新建幻灯片"下拉菜单

（3）删除幻灯片

在"幻灯片/大纲"窗格中选中一张或多张幻灯片，然后右击，在弹出的快捷菜单中选择"删除幻灯片"命令，或者按键盘上的【Delete】键，即可删除所选中的幻灯片。

（4）复制或移动幻灯片

在"幻灯片/大纲"窗格中，选中一张或多张幻灯片，然后右击，在弹出的快捷菜单（图 5.3）中选择"复制幻灯片"命令，在所选幻灯片的位置会立即出现复制的幻灯片；按住【Ctrl】键，用鼠标拖动要复制的幻灯片到目标位置；选择要复制的幻灯片后，单击"开始"选项卡→"编辑"选项组→"复制"和"粘贴"按钮。在"幻灯片/大纲"窗格中，用鼠标直接拖动要移动的幻灯片到目标位置即可；也可以使用"剪切""粘贴"

命令，或使用组合键（【Ctrl+C】为复制操作，【Ctrl+X】为剪切操作，【Ctrl+V】为粘贴操作）。

5. 幻灯片版式的更改

选中要更改版式的幻灯片，单击"开始"选项卡→"幻灯片"选项组→"版式"按钮，在弹出的下拉菜单中可以选择需要应用的版式，如图 5.4 所示。

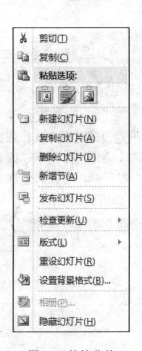

图 5.3 快捷菜单

图 5.4 "版式"下拉菜单

6. 文字的输入和设置

如果要在占位符内添加文本，只需要单击占位符，然后输入文本即可；如果要在占位符以外的位置添加文字，可以使用文本框功能。

（1）设置文本字体格式

先选择文本，然后单击"开始"选项卡→"字体"选项组中相应的按钮，可以设置字体、字形、字号、颜色、效果、字符间距等，如图 5.5 所示；或者单击"字体"选项组右下角的对话框启动器按钮，打开"字体"对话框，如图 5.6 所示。在"字体"对话框中选取相应的选项，单击"确定"按钮即可。

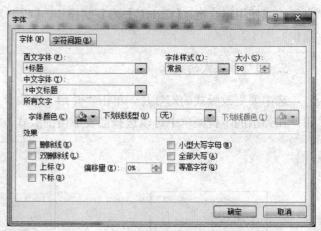

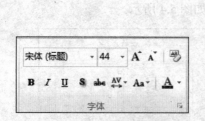

图 5.5 "字体"选项组　　　　　图 5.6 "字体"对话框

（2）设置文本段落格式

通过"开始"选项卡→"段落"选项组中相应的按钮设置段落对齐方式、项目符号和编号、行距、段间距、文字方向、转换为 SmartArt 图形等，如图 5.7 所示。或者单击"段落"选项组右下角的对话框启动器按钮，打开"段落"对话框，可以对幻灯片中选中的文本设置段落缩进、行距、段间距、对齐方式等格式，如图 5.8 所示。

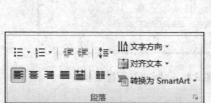

图 5.7 "段落"选项组　　　　　图 5.8 "段落"对话框

7. 设置文本框的格式

通过设置文本框格式，可以给文本框增加各种效果（如填充颜色、边框、艺术字效果等），还可以设置文本框的尺寸、位置和旋转角度。

选中文本框，然后选择"绘图工具-格式"选项卡，在其中进行相应的设置，如图 5.9 所示。

图 5.9 "绘图工具-格式"选项卡

8. 对象的添加

用户可在幻灯片中添加各种对象，包括表格、图表、SmartArt 图形、图片、剪贴画、艺术字及其他对象，并对各种对象进行相应的格式设置。

(1) 通过占位符中的按钮插入对象

如果选择了含有内容的版式，那么内容占位符中将会出现 6 个占位符按钮，单击其中一个按钮即可在该占位符中添加相应的对象。如图 5.10 所示，6 个按钮的功能依次为插入表格、插入图表、插入 SmartArt 图形、插入来自文件的图片、插入剪贴画、插入媒体剪辑。

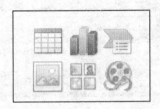

图 5.10 幻灯片中的占位符按钮

(2) 通过"插入"选项卡插入对象

单击"插入"选项卡中相应的按钮也可插入对象，如图 5.11 所示。

图 5.11 通过"插入"选项卡插入对象

【实例操作】

1. PowerPoint 2010 的启动、退出和演示文稿保存

首先在 D 盘建立一个名为"PPT 练习"的文件夹，以便将练习中生成的演示文稿保存在该文件夹内。

(1) 启动 PowerPoint 2010

选择"开始"→"所有程序"→"Microsoft Office"→"Microsoft PowerPoint 2010"

命令，或者双击桌面上已经建立的 PowerPoint 2010 快捷方式图标，打开 PowerPoint 2010 软件。

（2）另存为"演示文稿练习 1.pptx"

选择"文件"→"另存为"命令，在"另存为"对话框（图 5.12）中设置文件保存路径为 D 盘"PPT 练习"文件夹，输入演示文稿的文件名"演示文稿练习 1"，设置文件类型"PowerPoint 演示文稿"（即系统默认类型.pptx），之后单击"保存"按钮，即可完成演示文稿的保存操作。

图 5.12　"另存为"对话框

（3）退出 PowerPoint 2010

方法一：选择"文件"→"退出"命令。

方法二：双击 PowerPoint 2010 窗口左上角的控制菜单图标。

方法三：单击控制菜单图标，从下拉菜单中选择"关闭"命令。

方法四：单击 PowerPoint 2010 窗口右上角的"关闭"按钮。

2. 制作一个简单的演示文稿

（1）打开一个演示文稿

D 盘"PPT 练习"文件夹中，双击演示文稿"演示文稿练习 1.pptx"的文件图标，打开该演示文稿文件。该演示文稿是一个空白演示文稿，只有一张"标题幻灯片"版式的空白幻灯片。

（2）另存为"计算机发展简史.pptx"

选择"文件"→"另存为"命令，在"另存为"对话框中设置文件保存路径为 D 盘"PPT 练习"文件夹，输入演示文稿的文件名"计算机发展简史"，设置文件类型为"PowerPoint 演示文稿"（即系统默认类型），之后单击"保存"按钮，即可完成演示文稿的另存操作。

（3）输入文字内容

1）单击标题占位符，输入文字"计算机发展简史"；在副标题处输入文字"计算机发展的四个阶段"。

2）设置标题文字为微软雅黑、54 磅、添加阴影、蓝色；设置副标题文字为楷体、24 磅、绿色。

（4）插入新幻灯片

1）单击"开始"选项卡→"幻灯片"选项组→"新建幻灯片"下拉按钮，弹出一个幻灯片版式下拉菜单，选择新幻灯片的版式为"标题和内容"。

2）标题文字为"计算机发展的四个阶段"，字体为微软雅黑、40 磅、蓝色；文本内容如图 5.13 所示，设置项目符号和 2 倍行距。

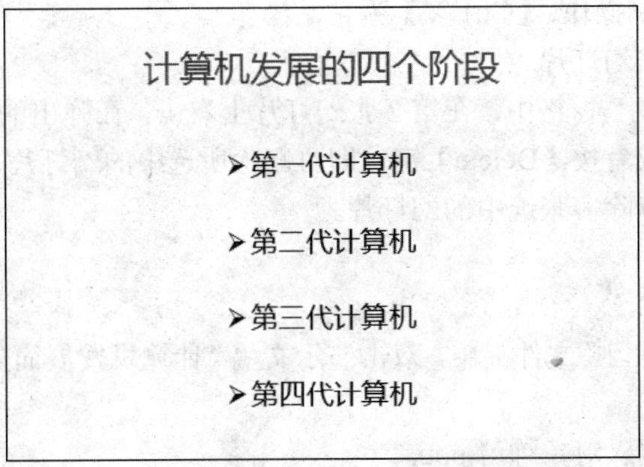

计算机发展的四个阶段

➢第一代计算机

➢第二代计算机

➢第三代计算机

➢第四代计算机

图 5.13　插入新幻灯片

（5）保存修改后的演示文稿

选择"文件"→"保存"命令，或单击快速访问工具栏中的"保存"按钮，可以将修改后的演示文稿直接保存（此操作不会打开"另存为"对话框）。

3. 幻灯片的基本操作

在 D 盘"PPT 练习"文件夹中，双击演示文稿"计算机发展简史.pptx"的文件图标，打开该演示文稿文件。

（1）另存为"幻灯片的基本操作练习.pptx"

选择"文件"→"另存为"命令，在"另存为"对话框中设置文件保存路径为 D 盘"PPT 练习"文件夹，输入演示文稿的文件名"幻灯片的基本操作练习"，设置文件类型为"PowerPoint 演示文稿"（即系统默认类型），之后单击对话框中的"保存"按钮，即可完成演示文稿的另存操作。

（2）复制第二张幻灯片

1）在"幻灯片/大纲"窗格中，在第 2 张张幻灯片上右击，在弹出的快捷菜单中选择"复制幻灯片"命令（图5.3），复制出的幻灯片会成为第2张幻灯片，选中的幻灯片下移成为第3张幻灯片。

2）将第3张幻灯片标题修改为"复制幻灯片"，删除内容占位符中的文本。

（3）移动第3张幻灯片至标题幻灯片之后

在"幻灯片/大纲"窗格中，用鼠标直接拖动第3张幻灯片到标题幻灯片之后，成为演示文稿的第2张幻灯片；也可以依次选择"剪切""粘贴"命令，或使用组合键（【Ctrl+X】为剪切操作，【Ctrl+V】为粘贴操作）。

（4）使用"复制"命令复制第2张幻灯片到第3张幻灯片之后

在"幻灯片/大纲"窗格中选择第2张幻灯片，单击"开始"选项卡→"剪贴板"选项组→"复制"按钮，在第3张幻灯片之后单击指定粘贴位置，单击"粘贴"按钮，即可完成复制操作。也可以使用右键快捷菜单中的"复制"和"粘贴"命令，或使用组合键（【Ctrl+C】为复制操作，【Ctrl+V】为粘贴操作）。

（5）删除第2张幻灯片

在"幻灯片/大纲"窗格中，在第2张幻灯片上右击，在弹出的快捷菜单中选择"删除幻灯片"命令，或者按【Delete】键，即可删除所选中的幻灯片。

此操作也可以删除多张选中的幻灯片。

4. 对象的添加

在D盘"PPT练习"文件夹中，双击演示文稿"计算机发展简史.pptx"的文件图标，打开该演示文稿文件。

（1）另存为"插入对象练习.pptx"

选择"文件"→"另存为"命令，在"另存为"对话框中设置文件保存路径为D盘"PPT练习"文件夹，输入演示文稿的文件名"插入对象练习"，设置文件类型为"PowerPoint演示文稿"（即系统默认类型），之后单击"保存"按钮，即可完成演示文稿的另存操作。

（2）将文字转换为SmartArt图形

1）选中第2张幻灯片内容占位符中的文字。

2）单击"开始"选项卡→"段落"选项组→"转换为SmartArt图形"按钮，在弹出的下拉菜单（图5.14）中选择"其他SmartArt图形"，打开"选择SmartArt图形"对话框，如图5.15所示。

3）在对话框中选择"垂直框列表"图形，单击"确定"按钮，选择的文字即转换为SmartArt图形。

4）当SmartArt图形处于编辑状态时，窗口上方会出现"SmartArt工具"选项卡，包括"设计"和"格式"两个选项卡，如图5.16所示，可以进一步编辑美化图形，如更改颜色、样式等。在"开始"选项卡中设置图形中文字的字体格式为黑体、32磅。

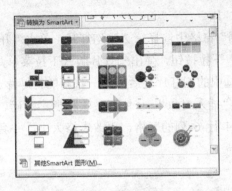

图 5.14 转换为 SmartArt 图形下拉菜单

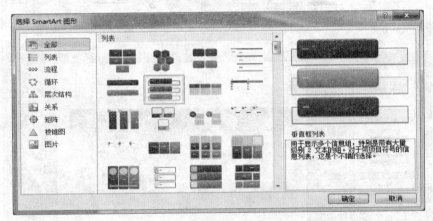

图 5.15 "选择 SmartArt 图形" 对话框

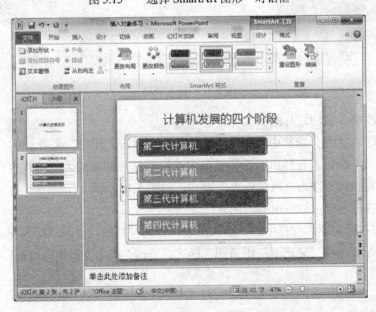

图 5.16 编辑 SmartArt 图形

（3）插入第 3 张幻灯片

1）在"幻灯片/大纲"窗格中选择第 2 张幻灯片，单击"开始"选项卡→"幻灯片"选项组→"新建幻灯片"下拉按钮，弹出幻灯片版式下拉菜单，选择新幻灯片的版式为"标题和内容"，即可在选中的幻灯片之后插入一张新的幻灯片。

2）输入标题文字为"插入对象"，字体为微软雅黑、40 磅、蓝色；单击"插入表格"占位符按钮，插入一个 4 行 6 列的表格，更改表格大小，并套用表格样式，如图 5.17 所示。

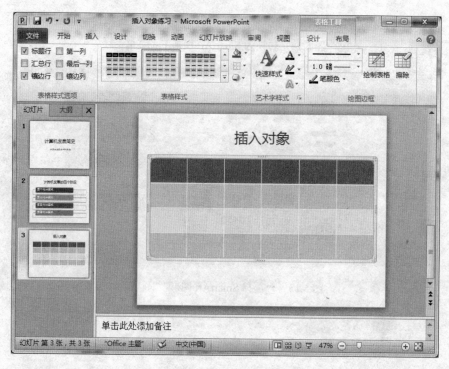

图 5.17　插入表格

（4）更改第 3 张幻灯片的版式

在"幻灯片/大纲"窗格中选择第 3 张幻灯片，单击"开始"选项卡→"幻灯片"选项组→"版式"按钮，在弹出的下拉菜单中选择幻灯片的版式为"两栏内容"，即可将当前幻灯片的版式更改为"两栏内容"版式，如图 5.18 所示。

（5）在右栏内容占位符中插入图表

1）单击右栏内容占位符中的"插入图表"占位符按钮，打开"插入图表"对话框，如图 5.19 所示。选中"分离型三维饼图"样式，单击"确定"按钮即可在幻灯片中插入图表。

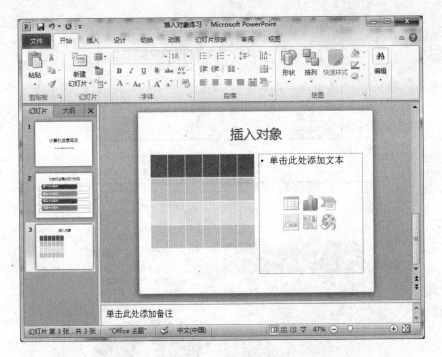

图 5.18　"两栏内容"版式

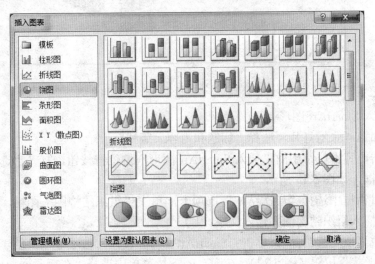

图 5.19　"插入图表"对话框

2）图表是 Excel 对象，每个图表都对应一个 Excel 数据表，所以当插入图表时将打开相应的 Excel 数据表，输入如图 5.20 所示数据表后，关闭 Excel 窗口。

3）在幻灯片中选择图表，在"图表工具-设计""图表工具-布局"等选项卡中设置图表格式，效果如图 5.21 所示。

A	B
	2017一季度国内手机销量（万台）
华为	808.3
OPPO	587.1
VIVO	564.6
苹果	412.7
小米	396.7

图 5.20 Excel 数据表

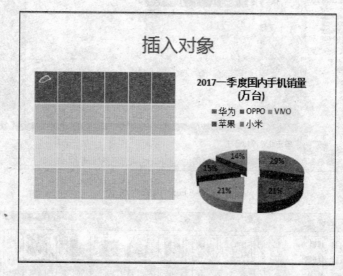

图 5.21 插入图表

（6）插入 SmartArt 图形

1）添加第 4 张幻灯片，选择"标题和内容"版式。

2）单击内容占位符中的"插入 SmartArt 图形"占位符按钮，打开"选择 SmartArt 图形"对话框，如图 5.15 所示。

3）在对话框中选择"层次结构"选项卡，单击"组织结构图"图标，再单击"确定"按钮，插入组织结构图并输入文字。

4）选中"市场营销部"，单击"SmartArt 工具-设计"选项卡→"创建图形"选项组→"添加形状"按钮（图 5.22），在弹出的下拉菜单中选择"在后面添加形状"命令，在添加的形状中输入文字"综合管理部"。

5）选中"综合管理部"，在"添加形状"下拉菜单中选择"在下方添加形状"命令，为其添加一个下属形状。再次选中"综合管理部"，重复操作为其添加第二个下属形状。在"综合管理部"下属形状中分别输入"办公室""后勤科"，如图 5.23 所示。

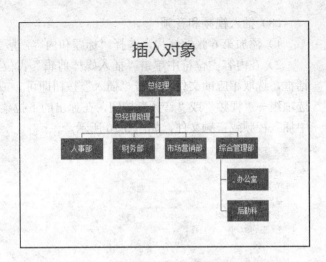

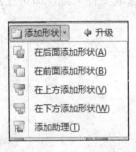

图 5.22　"添加形状"下拉菜单　　　　　　　　　图 5.23　组织结构图

（7）插入图片和剪贴画

1）添加第 5 张幻灯片，选择"两栏内容"版式。

2）单击左栏内容占位符中的"插入图片"占位符按钮，打开"插入图片"对话框，选择图片文件，单击"插入"按钮，效果如图 5.24 所示。

图 5.24　插图图片

3）单击右栏内容占位符中的"剪贴画"占位符按钮，弹出"剪贴画"任务窗格，输入图片关键字（如"计算机"），单击"搜索"按钮查找相关剪贴画，在其中选取要插入的剪贴画，如图 5.25 所示。

（8）插入视频和音频

1）添加第 6 张幻灯片，选择"标题和内容"版式。

2）在内容占位符中单击"插入媒体剪辑"占位符按钮，打开"插入视频文件"对话框，选取相应的文件，单击"插入"按钮即可。或者单击"插入"选项卡→"媒体"选项组→"视频"或"音频"按钮，在弹出的下拉菜单中选取文件来源，即可在幻灯片中插入视频或音频文件，如图 5.26 所示。

图 5.25　插入剪贴画

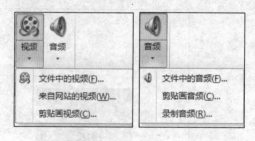

图 5.26　插入视频或音频

（9）插入艺术字

1）添加第 7 张幻灯片，选择"空白"版式。

2）单击"插入"选项卡→"文本"选项组→"艺术字"按钮，在下拉菜单中选择一种艺术字样式，输入艺术字"谢谢！"，即可插入一个艺术字。

【实训练习】

1）创建一个介绍北京旅游的演示文稿，以文件名"北京旅游.pptx"保存到 D 盘"PPT练习"文件夹中。

2）"北京旅游"演示文稿共包括 6 张幻灯片。其中，第 1 张是标题幻灯片，其余为"标题和内容"版式的幻灯片。各幻灯片要求如下：

第 1 张幻灯片：标题内容为"北京旅游"，隶书、加粗、54 磅、红色、添加阴影；

副标题内容为："制作人：×××"，楷体、右对齐、倾斜、36 磅、蓝色。

第 2 张幻灯片：标题内容为 "旅游路线"，文本内容使用 SmartArt 图形制作参观流程 "天安门—八达岭长城—十三陵—鸟巢、水立方"。

第 3 张幻灯片：更改版式为 "两栏内容" 版式；标题内容为 "天安门"，左边文本内容为 "天安门有着 500 多年厚重的历史内涵，高度浓缩了中华古代文明与现代文明，1949 年 10 月 1 日，在这里举行了中华人民共和国开国大典，是中华人民共和国的象征。" 楷体、32 磅。右边内容占位符插入天安门图片，调整大小。

第 4 张幻灯片：标题内容为 "八达岭长城"，内容占位符插入长城图片，调整好大小和位置。在合适位置插入文本框，输入文本 "八达岭长城，建于明朝弘治十八年（1505 年），是万里长城的一部分。" 楷体、32 磅。

第 5 张幻灯片：更改版式为 "空白" 版式；插入 "十三陵""鸟巢""水立方" 3 张图片，调整大小和位置。每张图片下方插入文本框，分别输入 "十三陵""鸟巢""水立方"，华文彩云、32 磅、蓝色。

第 6 张幻灯片：更改版式为 "空白" 版式；在幻灯片中间添加一个艺术字，内容为 "欢迎参观！"。

3）在原位置复制第 5 张幻灯片，删除第 5 张幻灯片中的 "十三陵" 图片和文本框，删除第 6 张幻灯片中 "鸟巢""水立方" 图片和文本框。

4）将第 5 张和第 6 张幻灯片交换位置，然后保存该演示文稿。

实训项目 2　演示文稿的美化和放映

【实训要求】

- ✓ 熟练掌握幻灯片的背景和主题的应用方法。
- ✓ 熟练掌握幻灯片动画效果的应用方法。
- ✓ 熟练掌握幻灯片的切换方式。
- ✓ 掌握页眉/页脚的添加和设置方法。
- ✓ 掌握母版的应用方法。
- ✓ 掌握幻灯片的放映方式。
- ✓ 掌握超链接和动作的设置方法。
- ✓ 了解幻灯片页面设置的方法。

【实训内容】

1. 背景

在幻灯片空白处右击，在弹出的快捷菜单中选择 "设置背景格式" 命令，如图 5.27

所示。或者单击"设计"选项卡→"背景"选项组→"背景样式"按钮，在弹出的下拉菜单（图 5.28）中选择"设置背景格式"命令，打开"设置背景格式"对话框，如图 5.29 所示。

图 5.27 设置背景格式方法（一）

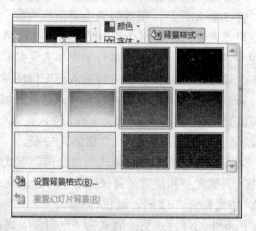

图 5.28 设置背景格式方法（二）

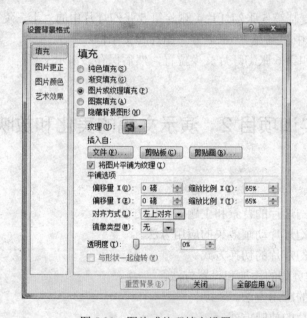

图 5.29 图片或纹理填充设置

幻灯片背景包括纯色填充、渐变填充、图片或纹理填充和图案填充，在一张幻灯片或者母版上只能使用一种背景类型。在设置背景时，可以选择应用于当前幻灯片或全部幻灯片。

注意：如果选中"隐藏背景图形"复选框，则母版的图形和文本不会显示在当前幻灯片上。若单击"全部应用"按钮，背景设置将作用于全部幻灯片和母版；否则，背景设置只作用于当前幻灯片或者母版。

2. 主题

在不改动幻灯片内容的前提下应用主题，可以在"设计"选项卡中的"主题"选项组（图 5.30）中选择主题库中的相应缩略图，快速应用一种主题，以改变演示文稿中所有幻灯片的外观。

图 5.30 "主题"选项组

3. 动画效果

为对象添加动画应先选择对象，然后在"动画"选项卡→"动画"选项组（图 5.31）中选择动画方案，或单击"其他"按钮，然后选择更多的动画。也可以使用"高级动画"选项组添加新的动画，或者打开动画窗格。动画可应用于幻灯片、占位符或段落，可以为同一元素添加多个动画效果，并且可以设置效果选项。

单击"动画"选项卡→"动画"选项组→"效果选项"按钮，可以根据所选的动画设置方向、形状、序列等效果，如图 5.32 所示。

图 5.31 "动画"选项组

图 5.32 "效果选项"下拉菜单

155

4. 幻灯片切换方式

幻灯片的切换效果是指放映演示文稿时从上一张幻灯片切换到下一张幻灯片的过渡效果，为幻灯片间的切换加上动画效果会使幻灯片放映更加生动，起到提醒观众注意的作用。设置切换方式的步骤如下：

1）选定要设置切换效果的一张或多张幻灯片。

2）选择"切换"选项卡，如图5.33所示。

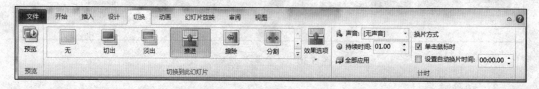

图 5.33 "切换"选项卡

3）在"切换到此幻灯片"选项组的效果列表中选择一种切换效果，即可将该效果应用于所选的幻灯片。单击列表框右下角的"其他"按钮，下拉列表中显示出更多的切换效果。单击"效果选项"按钮，可在"效果选项"下拉菜单中进行方向、形状等细节设置。

4）在"计时"选项组中设置切换效果的持续时间、声音等效果。持续时间影响动画播放的速度，在"声音"下拉列表框中可以选择幻灯片切换时的声音效果。

5）在"计时"选项组中设置换片方式。默认为"单击鼠标时"，即人工换片，单击鼠标时才会切换到下一张幻灯片；或者选中"设置自动换片时间"复选框，在右侧数值框中输入换片的间隔时间。

6）在"计时"选项组中，如果单击"全部应用"按钮，将会把该切换效果应用于整个演示文稿，否则应用于为当前所选幻灯片。

7）单击"预览"按钮，直接在幻灯片视图中观看切换效果，或者使用"幻灯片放映"视图放映所选择的幻灯片。

若要取消幻灯片的切换效果，则可选中该幻灯片，在幻灯片切换效果列表中选择"无"选项。

5. 页眉和页脚

单击"插入"选项卡→"文本"选项组→"页眉和页脚"按钮，即可弹出"页眉和页脚"对话框，如图5.34所示。页眉和页脚包含3个部分：日期和时间、幻灯片编号和页脚。

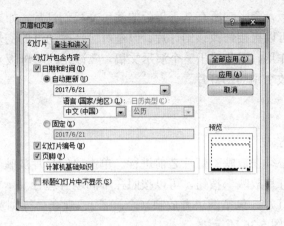

图 5.34　"页眉和页脚"对话框

如果不想在标题幻灯片中看到日期、编号和页脚等内容，可选中"标题幻灯片中不显示"复选框。

完成全部设置后，单击"全部应用"按钮，可以使该演示文稿中每张幻灯片都具有相同的页眉和页脚；单击"应用"按钮，则仅将设置的页眉和页脚应用到当前幻灯片。

6. 母版

幻灯片母版经常用到，它控制除标题幻灯片以外的所有幻灯片的外观。母版上的更改会反映在每张幻灯片上。幻灯片母版控制文字的格式、位置、项目符号的字符、主题配色方案及图形项目等。

单击"视图"选项卡→"母版视图"选项组→"幻灯片母版"按钮，打开"幻灯片母版"视图，如图 5.35 所示。左侧为母版窗格，所有幻灯片母版均会出现在此处，可以方便地通过选中幻灯片母版来编辑。

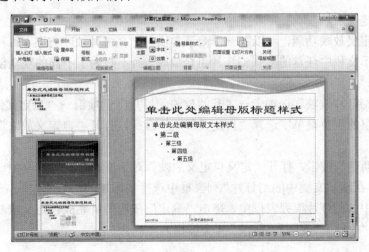

图 5.35　幻灯片母版视图

更改幻灯片母版，会影响所有基于母版的演示文稿幻灯片，如果要使个别幻灯片的外观与母版不同，可以直接修改该幻灯片。但是对已经改动过的幻灯片，在母版中所做的改动对之不再起作用，因此对于一个演示文稿，应该先改动母版来满足大多数幻灯片的统一要求，再修改个别的幻灯片。

7. 幻灯片放映

（1）设置放映方式

设置放映方式必须在放映幻灯片之前进行。单击"幻灯片放映"选项卡→"设置"选项组→"设置幻灯片放映"按钮，可以按照在不同场合运行演示文稿的需要，选择 3 种不同方式放映幻灯片，包括演讲者放映（全屏幕）、观众自行浏览（窗口）和在展台浏览（全屏幕），如图 5.36 所示。

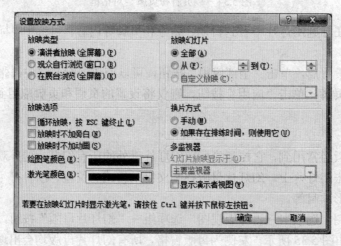

图 5.36 "设置放映方式"对话框

（2）自定义放映

使用自定义放映功能，可以在一份演示文稿内定义多种放映方案，每种放映方案可以指定该演示文稿中任意的多张幻灯片组合放映，而不必为了不同的观众创建多份类似的演示文稿。

单击"幻灯片放映"选项卡→"开始放映幻灯片"选项组→"自定义幻灯片放映"按钮，在弹出的下拉菜单中选择"自定义放映"命令，打开"自定义放映"对话框，如图 5.37 所示。

单击"新建"按钮，打开"定义自定义放映"对话框，在该对话框中设置幻灯片放映名称，在"在演示文稿中的幻灯片"列表框中选择要添加的幻灯片，并添加到右边"在自定义放映中的幻灯片"列表框中，单击"确定"按钮即可完成自定义放映的创建。此时，"编辑""删除""复制""放映"4 个按钮为可用状态。

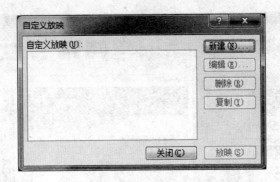

图 5.37 "自定义放映"对话框

8. 超链接和动作设置

选定指定的项目，单击"插入"选项卡→"链接"选项组→"动作"按钮或"超链接"按钮，可以为该项目增加某一跳转动作或使之执行某个应用程序。

9. 页面设置

单击"设计"选项卡→"页面设置"选项组→"页面设置"按钮，在打开的"页面设置"对话框中可以设置幻灯片大小、幻灯片编号起始值和打印方向，如图 5.38 所示。

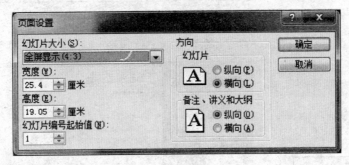

图 5.38 "页面设置"对话框

【实例操作】

1. 为幻灯片设置外观

在 D 盘"PPT 练习"文件夹中，双击演示文稿"幻灯片的基本操作练习.pptx"的文件图标，打开该演示文稿文件，并对其进行如下修改。

1）另存为"幻灯片设置外观练习.pptx"

2）更改演示文稿的主题。选择"设计"选项卡，在"主题"选项组中选择"波形"主题，此时该演示文稿所有幻灯片均被设置为该主题，如图 5.39 所示。

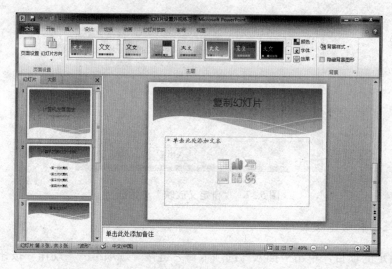

图 5.39　应用"波形"主题

3）设置不同的主题。在第 3 张幻灯片后插入新幻灯片，选定该幻灯片，右击主题列表中的"角度"主题，在弹出的快捷菜单中选择"应用于选定幻灯片"命令，如图 5.40 所示。此时该演示文稿中同时存在两种不同的主题，如图 5.41 所示。

图 5.40　主题快捷菜单

图 5.41　应用不同的主题

4）设置背景。

① 选择第 3 张幻灯片，单击"设计"选项卡→"背景"选项组→"背景样式"按钮，在弹出的下拉菜单中选择"设置背景格式"命令，打开"设置背景格式"对话框。选择"填充"选项卡，选中"图片或纹理填充"单选按钮，选中"隐藏背景图形"复选框。在"纹理"下拉列表框中选择"水滴"纹理，然后单击对话框下方的"关闭"按钮，相应背景便应用到该幻灯片，效果如图 5.42 所示。

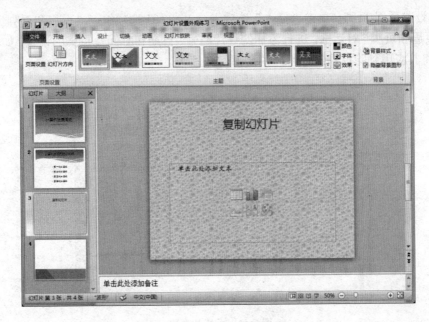

图 5.42 设置幻灯片背景

② 选择第 2 张幻灯片，再次打开"设置背景格式"对话框，选择"填充"选项卡，选中"渐变填充"单选按钮，在"预设颜色"下拉列表框中选择"雨后初晴"样式，设置类型为"射线"，并选中"隐藏背景图形"复选框，背景效果如图 5.43 所示。

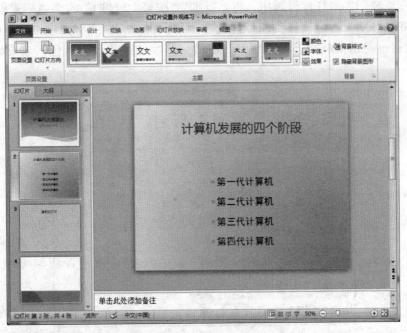

图 5.43 渐变填充

5）设置页眉/页脚。单击"插入"选项卡→"文本"选项组→"页眉和页脚"按钮，打开"页眉和页脚"对话框，进行添加幻灯片编号、日期和时间及页脚的设置，如图 5.44 所示，将其应用到除标题幻灯片外的全部幻灯片。

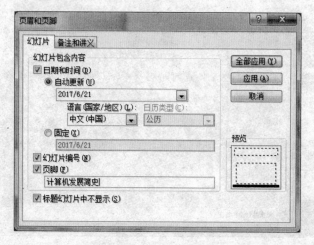

图 5.44　页眉和页脚

6）修改幻灯片母版。

①　单击"视图"选项卡→"母版视图"选项组→"幻灯片母版"按钮，切换到幻灯片母版视图。

②　在"波形"幻灯片母版中，将"页脚""编号""日期"的字体格式设为黑体、14 磅；将"日期"占位符移到幻灯片的左上角，占位符中文字居中，字体颜色为红色，设置占位符的形状填充为浅绿色；将数字区字体颜色设为蓝色，效果如图 5.45 所示。

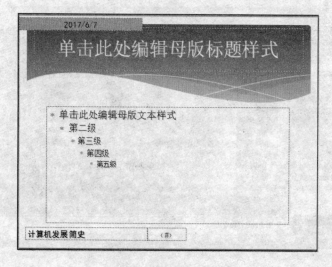

图 5.45　修改幻灯片母版

③ 单击"幻灯片母版"选项卡→"关闭"选项组→"关闭母版视图"按钮。

7）保存演示文稿。

2. 设置动画与幻灯片切换效果

在 D 盘"PPT 练习"文件夹中，双击演示文稿"幻灯片设置外观练习.pptx"，并对其进行如下操作。

（1）设置第 1 张幻灯片中对象的动画效果

第 1 张幻灯片中有两个对象，分别是主标题和副标题。选择幻灯片主标题，选择"动画"选项卡，在"动画"选项组中选择进入动画效果"飞入"，"效果选项"设置为"自顶部"，添加动画强调效果"陀螺旋"。选择副标题，设置进入效果为"浮入"，将每个动画设置为"上一动画之后"开始，如图 5.46 所示。

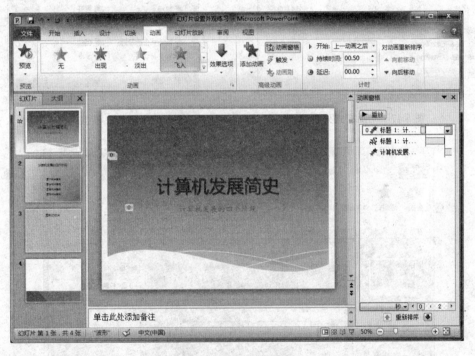

图 5.46　幻灯片动画设置

（2）设置第 2 张幻灯片中对象的动画效果

选定第 2 张幻灯片中的标题占位符，单击"动画"选项组动画效果列表框右下角的"其他"按钮，在弹出的下拉菜单中选择"更多进入效果"命令，如图 5.47 所示。在"更改进入效果"对话框中选择"基本型"中的"棋盘"效果，如图 5.48 所示。

选定文本占位符，为其添加"进入"动画"淡出"，"效果选项"设置为"按段落"，将每个动画设置为"上一动画之后"开始，如图 5.49 所示。

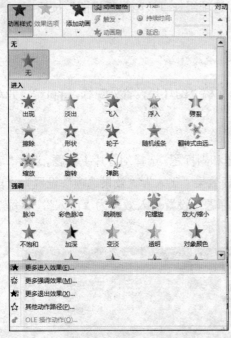

图 5.47 动画样式列表   图 5.48 添加"棋盘"进入效果

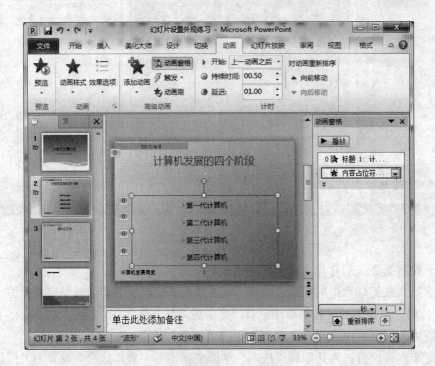

图 5.49 第 2 张幻灯片动画设置

（3）其他动画效果

1）选择第 3 张幻灯片，将其背景更改为纯色填充，颜色为"自动"，并隐藏背景图形。修改标题文本内容为"足球动画"，在幻灯片左侧插入一幅足球剪贴画，设置剪贴画大小和位置。

2）选定剪贴画，首先为其添加"进入"动画"飞入"，"效果选项"设置为"自左侧"。

3）再次选定剪贴画，为其添加第 2 个动画效果。单击"图片工具-格式"选项卡→"高级动画"选项组→"添加动画"按钮，选择"其他动作路径"命令，在打开的"添加动作路径"对话框中选择"向右弹跳"，单击"确定"按钮，如图 5.50 所示；在幻灯片中可调整路径的大小、位置、起点和终点，如图 5.51 所示。

4）再次选定剪贴画，为其添加第 3 个动画效果。单击"图片工具-格式"选项卡→"高级动画"选项组→"添加动画"按钮，选择"更多退出效果"命令，在打开的"添加退出效果"对话框中选择"回旋"，单击"确定"按钮。

5）在"图片工具-格式"选项卡的"计时"选项组中将剪贴画的每个动画设置为"上一动画之后"开始，单击"动画"选项卡→"预览"选项组→"预览"按钮，预览剪贴画的动画效果，如图 5.52 所示。

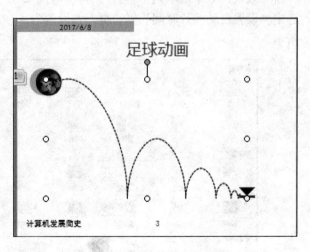

图 5.50　"添加动作路径"对话框　　　　图 5.51　设置对象的动作路径

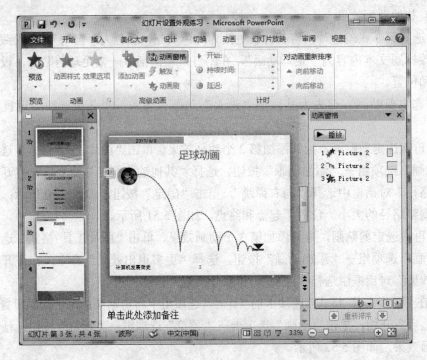

图 5.52　预览动画效果

（4）设置幻灯片切换方式

选定第 1 张幻灯片，选择"切换"选项卡，在切换方案列表（图 5.53）中选择"百叶窗"效果，效果选项为"垂直"，持续时间 2 秒；取消选中"单击鼠标时"复选框，选中"设置自动换片时间"复选框，并设置为 4 秒；单击"全部应用"按钮，如图 5.54所示。

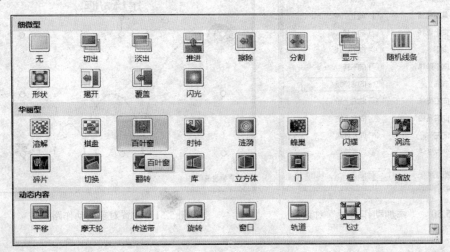

图 5.53　切换方案列表

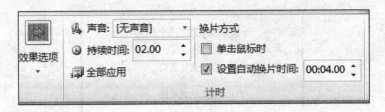

图 5.54 幻灯片换片方式设置

（5）保存并放映幻灯片

保存对该演示文稿的修改，放映幻灯片观看其效果。

3. 动作和超链接设置

在 D 盘"PPT 练习"文件夹中，双击演示文稿"计算机发展简史.pptx"，并对其进行如下操作。

（1）另存并修改

1）将该演示文稿另存为"插入超链接和动作按钮.pptx"。

2）插入第 3～6 张幻灯片，输入标题分别为"第一代计算机：电子管数字计算机（1946—1958 年）""第二代计算机：晶体管数字计算机（1958—1964 年）""第三代计算机：集成电路数字计算机（1964—1970 年）""第四代计算机：大规模集成电路计算机（1970 年至今）"。设置标题文字格式为"微软雅黑"、54 磅、文字阴影、蓝色。

（2）设置超链接

在第二张幻灯片内容占位符中，选取文字"第一代计算机"，右击，在弹出的快捷菜单中选择"超链接"命令，在"插入超链接"对话框左侧选择"本文档中的位置"，在右侧选择"幻灯片标题"的中第 3 张幻灯片（图 5.55），然后单击"确定"按钮。重复以上操作，将第 2 张幻灯片内容占位符中的文本分别链接到第 4～6 张幻灯片。此时所选文字变成如图 5.56 所示效果。

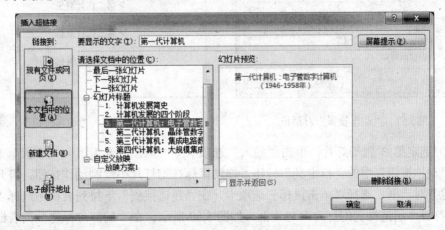

图 5.55 "插入超链接"对话框

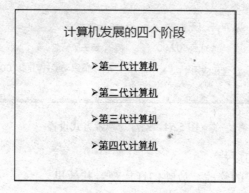

图 5.56　文本插入超链接后的效果

（3）插入动作按钮

1）选定第 2 张幻灯片，单击"插入"选项卡→"插图"选项组→"形状"按钮，在弹出的下拉列表中选择"动作按钮"中的"结束"按钮，拖动鼠标在幻灯片中绘制动作按钮，在弹出的"动作设置"对话框中选择"单击鼠标"选项卡，在"超链接到"下拉列表框中选择"结束放映"，如图 5.57 所示，然后单击"确定"按钮。选中插入的动作按钮，在"绘图工具-格式"选项卡中设置形状样式，效果如图 5.58 所示。

图 5.57　"动作设置"对话框

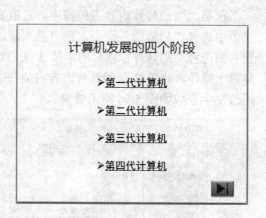

图 5.58　插入"动作按钮"

2）选定第 3 张幻灯片，单击"插入"选项卡→"插图"选项组→"形状"下拉列表→"动作按钮"中的"自定义"按钮，拖动鼠标在幻灯片中绘制动作按钮，打开"动作设置"对话框，选择"单击鼠标"选项卡，在"超链接到"下拉列表框中选择"幻灯片"，打开"超链接到幻灯片"对话框，如图 5.59 所示。在"幻灯片标题"列表框中选择第 2 张幻灯片，单击"确定"按钮，返回"动作设置"对话框，单击"确定"按钮。

选中插入的动作按钮，在"绘图工具-格式"选项卡中设置形状样式，输入文字"返回"，设置合适的字符格式，效果如图 5.60 所示。

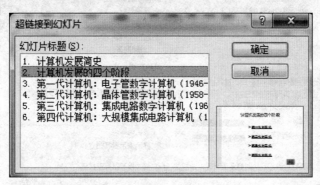

图 5.59　"超链接到幻灯片"对话框

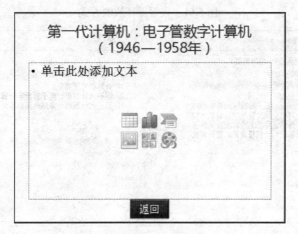

图 5.60　插入"动作按钮"

3）选中第 3 张幻灯片中的"返回"动作按钮，复制到第 4～6 张幻灯片相应位置，复制后的动作按钮链接到的幻灯片不会发生变化。

（4）循环放映幻灯片

单击"幻灯片放映"选项卡→"设置"选项组→"设置幻灯片放映"按钮，在"设置放映方式"对话框中选中"循环放映，按 ESC 键终止"复选框，如图 5.61 所示，然后单击"确定"按钮。

（5）自定义放映

单击"幻灯片放映"选项卡→"自定义幻灯片放映"按钮，在弹出的"自定义放映"对话框中单击"新建"按钮，打开"定义自定义放映"对话框，在"幻灯片放映名称"文本框中输入"放映方案 1"，将第 1、3、5 张幻灯片添加到右侧"在自定义放映中的幻灯片"列表框中，如图 5.62 所示。单击"确定"按钮，即可完成自定义放映的创建。

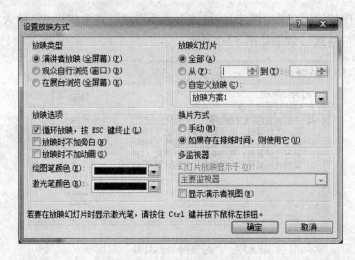

图 5.61　设置循环放映方式

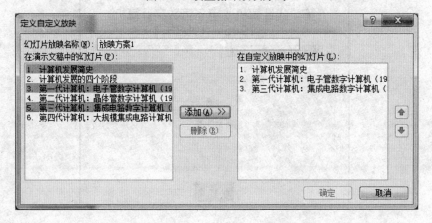

图 5.62　"定义自定义放映"对话框

（6）保存演示文稿

保存对该演示文稿的修改，放映演示文稿并观察效果。

注意：幻灯片放映前和幻灯片放映后的超链接颜色发生了变化。

【实训练习】

在 D 盘"PPT 练习"文件夹中打开"北京旅游.pptx"（在第 152 页实训项目 1 "实训练习"中保存过的文档），对其中的幻灯片做如下操作。

1）第 1 张幻灯片：给对象增加动画效果，其中标题的进入效果为"轮子"，强调效果为"波浪形"，持续时间 1 秒；副标题动画的进入效果为"十字形扩展"，放大、菱形，持续时间 1 秒。将每个动画设置为"上一动画之后"开始。设置背景为"雨后初晴"。

2）第 2 张幻灯片：设置超链接，选中 SmartArt 图形中的形状"天安门"链接到第 3 张幻灯片，"八达岭长城"链接到第 4 张幻灯片，"十三陵"链接到第 5 张幻灯片，"鸟巢、水立方"链接到第 6 张幻灯片。插入链接到"结束放映"的动作按钮。设置背景为"水滴"纹理。为 SmartArt 图形添加一种合适的动画效果。

3）第 3~6 张幻灯片：设置背景为"渐变填充"，蓝色、类型为射线、方向中心辐射；在幻灯片左下角添加一个"自定义"动作按钮，单击时链接到第 2 张幻灯片。为每张幻灯片中的对象添加一种合适的动画效果。

4）第 7 张幻灯片：为本张幻灯片应用主题"奥斯汀"，单击艺术字时结束放映。

5）每张幻灯片设置不同的切换方式。

6）保存演示文稿。

实训项目 3　PowerPoint 2010 的综合应用

【实训要求】

- ✓ 掌握幻灯片版式的使用方法。
- ✓ 熟练掌握文本框、图片、艺术字等对象的插入方法。
- ✓ 熟练掌握设置演示文稿外观的各种方法。
- ✓ 熟练掌握超链接、动作设置的插入方法。
- ✓ 熟练掌握动画效果和幻灯片切换效果的设置方法。

【实例操作】

如图 5.63~图 5.68 所示，制作演示文稿，命名为"新员工入职培训.pptx"，并保存在 D 盘"PPT 练习"文件夹下。

图 5.63　第 1 张幻灯片

图 5.64　第 2 张幻灯片

图 5.65　第 3 张幻灯片

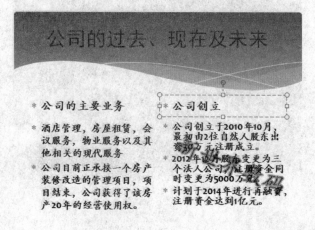

图 5.66　第 4 张幻灯片

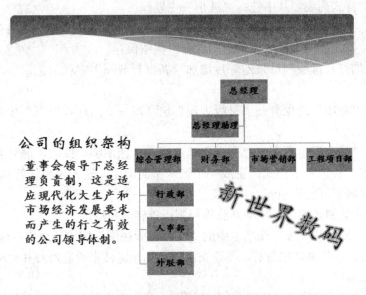

图 5.67　第 5 张幻灯片

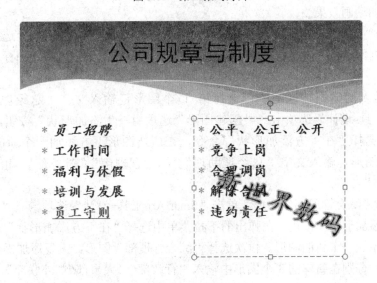

图 5.68　第 6 张幻灯片

1）将第 2 张幻灯片版式设为"标题和竖排文字"，将第四张幻灯片的版式设为"比较"；为整个演示文稿指定设计主题为"波形"。

① 选择第 2 张幻灯片，使其成为当前幻灯片。单击"开始"选项卡→"幻灯片"选项组→"版式"按钮，在弹出的下拉菜单中选择"标题和竖排文字"版式即可。同理设置第 4 张幻灯片。

② 在"设计"选项卡→"主题"选项组中单击列表框右下角的"其他"按钮，展

开所有主题的样式列表，从中选择"波形"主题即可。

③ 演示文稿的保存。选择"文件"→"保存"命令，在打开的"另存为"对话框中设置保存位置、文件名，之后单击"保存"按钮保存。

2）通过幻灯片母版为每张幻灯片增加"新世界数码"字样的艺术字，并旋转一定的角度。

① 单击"视图"选项卡→"母版视图"选项组→"幻灯片母版"按钮，切换到母版视图。

② 单击"插入"选项卡→"文本"选项组→"艺术字"按钮，展开艺术字样式列表，从中选择一种艺术字样式，生成一个艺术字文本框，输入内容"新世界数码"，单击其他空白区域即可完成输入。

③ 选中新建的艺术字，拖动其旋转控制点旋转其角度。

④ 单击"幻灯片母版"选项卡中的"关闭母版视图"按钮，退出母版编辑状态。

注意：退出母版编辑状态前，要检查左侧幻灯片窗格中所有幻灯片母版相关版式是否都插入了艺术字。

3）制作第 5 张幻灯片右侧的组织结构图，其中总经理助理为助理级别，并为该组织结构图添加动画效果。

① 单击"插入"选项卡→"插图"选项组→"SmartArt"按钮，打开"选择 SmartArt 图形"对话框。选择"层次结构"选项卡，在右侧选择"组织结构图"图标，单击"确定"按钮。

② 在插入的组织结构图中，选择第 1 个图形，输入文字"总经理"，并单击"SmartArt 工具-设计"选项卡→"创建图形"选项组→"添加形状"按钮，在弹出的下拉菜单中选择"在下方添加形状"命令，在所选图形下方添加一个新的图形。依次选择其他图形，输入文字"总经理助理""综合管理部""财务部""市场营销部""工程项目部"。

③ 选择"综合管理部"图形，单击"SmartArt 工具-设计"选项卡→"创建图形"选项组→"添加形状"按钮，在弹出的下拉菜单中选择"在下方添加形状"命令，在所选图形下方添加一个新的图形。再次选择"综合管理部"图形，重复添加操作，添加两个下级图形。分别在新建的 3 个图形中输入"行政部""人事部""外联部"。

④ 添加动画效果。选定 SmartArt 图形，在"动画"选项卡中的"动画"选项组中选择一种动画效果即可。

4）在 D 盘"PPT 练习"文件夹下新建一个 Word 文档，命名为"员工守则.docx"；为第 6 张幻灯片左侧的文字"员工守则"添加超链接，链接到 Word 文件"员工守则.docx"，并为该张幻灯片添加适当的动画效果。

① 切换到第 6 张幻灯片，选中文字"员工守则"，单击"插入"选项卡→"链接"选项组→"超链接"按钮，打开"插入超链接"对话框。

② 在对话框左侧列表中保持默认选择"现有文件或网页"，在"查找范围"下拉列

表框中选择"PPT 练习"文件夹，再选中"员工守则.docx"，单击"确定"按钮即可插入链接。

③ 设置动画效果。选择对象，在"动画"选项卡"动画"选项组中选择任意一种动画效果即可。

5）为演示文稿设置不少于 3 种的幻灯片切换方式。

在"切换"选项卡中的"切换到此幻灯片"选项组中选择任意一种切换样式即可。再转到其他幻灯片，设置另外一种幻灯片样式。注意题目要求：不少于 3 种（含 3 种）幻灯片切换方式。

6）除标题幻灯片外，为每张幻灯片插入编号。

单击"插入"选项卡→"文本"选项组→"幻灯片编号"按钮，打开"页眉和页脚"对话框，分别选中"幻灯片编号"和"标题幻灯片中不显示"复选框，完成全部设置后，单击"全部应用"按钮。

7）保存并放映幻灯片。

【实训练习】

1）根据表 5.1 中的文字和要求制作演示文稿，命名为"学习型社会的学习理念.pptx"并保存在 D 盘"PPT 练习"文件夹下。题目要求如下：

① 输入"幻灯片内容"列的文字，按"动画要求"列设置相应类型的动画。其中，第 4 张幻灯片中"学海无涯""学无止境"为艺术字，并插入"计算机"剪贴画。

② 幻灯片版式至少有 3 种，并为演示文稿选择一个合适的主题。除标题幻灯片外，为演示文稿插入幻灯片编号。

③ 将第 2 张幻灯片目录中的文字分别链接到第 3、4、5 张幻灯片。

④ 第 5 张幻灯片编号为"1.""2.""3."的文字采用 SmartArt 图形中的 "基本维恩图"来表示。

⑤ 设置 3 种以上幻灯片切换效果。

⑥ 为幻灯片插入背景音乐，从放映时开始播放直到最后一张结束。

⑦ 在该演示文稿中创建一个演示方案，该演示方案包含第 1、2、4 张幻灯片，并将该演示方案命名为"放映方案 1"。

表 5.1　文字素材

编号	幻灯片内容	动画要求
1	学习型社会的学习理念	进入
2	目录 一、现代社会知识更新的特点 二、现代文盲——功能性文盲 三、学习的三重目的	按段落 出现

续表

编号	幻灯片内容	动画要求
3	知识的更新速率实在太快，应付这种变化，我们需要学会学习，学习是现代人的第一需要	退出
	一、现代社会知识更新的特点 "人类的知识，目前是每3年就增长一倍。 知识社会要求其所有成员学会如何学习。 "有教养的人"，就是学会了学习的人	进入
4	知识就像产品一样频繁地更新换代，如果不能以最有效的方法和最高的效率去获取、分析和加工知识，就无法及时地利用这些知识。因此，一个人生活在世上终生都要学习	退出
	"学海无涯""学无止境"	进入 退出
	二、现代文盲——功能性文盲 联合国重新定义了新世纪的三类文盲： 第一类是不能读书识字的人，这是传统意义上的文盲，是扫盲工作的主要对象； 第二类是不能识别现代社会符号的人； 第三类是不能使用计算机进行学习、交流和管理信息的人	进入
5	为了避免自己成为文盲，唯一切实可行的办法就是时时保持学习的习惯，掌握信息时代的学习方法。把学习当作终生的最基本的生存能力	退出
	三、学习的三重目的 1. 增长知识 2. 提高技能 3. 培养情感	进入
6	结束	动作路径

2）以《家乡的四季》为主题创建相册。

请收集自己家乡的"春""夏""秋""冬"4种类型的摄影照片各4张，共16张照片；一首轻音乐。按照要求完成操作。

① 利用 PowerPoint 应用程序创建一个相册，在每张幻灯片中包含4张图片，并将每幅图片设置为"居中矩形阴影"相框形状。

② 设置相册主题为"暗香扑面"样式。

③ 为相册中每张幻灯片设置不同的切换效果。

④ 在标题幻灯片后插入一张新的幻灯片，将该幻灯片设置为"标题和内容"版式。在该幻灯片的标题位置输入"家乡的四季"；并在该幻灯片的内容文本框中输入4行文字，分别为"春""夏""秋""冬"。

⑤ 将"春""夏""秋""冬"4行文字转换为样式为"蛇形图片题注列表"的 SmartArt 图形，并从每种类型的照片中选择一张照片，定义为该 SmartArt 对象的显示图片。

⑥ 为 SmartArt 对象添加自左至右的"擦除"进入动画效果，并要求在幻灯片放映时该 SmartArt 对象元素可以逐个显示。

⑦ 在 SmartArt 对象元素中添加幻灯片跳转链接，使得单击"春"标注形状可跳转至第3张幻灯片，单击"夏"标注形状可跳转至第4张幻灯片，单击"秋"标注形状可

跳转至第 5 张幻灯片，单击"冬"标注形状可跳转至第 6 张幻灯片。

⑧ 用轻音乐文件作为该相册的背景音乐，并在幻灯片放映时即开始播放，直到最后一张幻灯片结束。

⑨ 将该相册保存为"家乡的四季.pptx"文件，保存位置为计算机 D 盘"PPT 练习"文件夹。

6

第6章　计算机网络应用基础操作

实训项目　浏览器和电子邮件的操作

实训项目　浏览器和电子邮件的操作

【实训要求】

✓　掌握使用 Internet Explorer 进行网上浏览的基本方法。
✓　掌握网页和页面上文本、图片的保存方法。
✓　掌握网上搜索、文件的上传与下载的方法。
✓　掌握使用免费电子邮箱的方法。

【实训内容】

1. 浏览器

1）认识 Internet Explorer（简称 IE 浏览器）。
2）Internet Explorer 的使用。

2. 电子邮件

1）电子邮件（E-mail）地址。一个完整的 Internet 邮件地址由以下两部分组成：username@hostname。
2）电子邮箱的申请和使用。

【实例操作】

1. 设置当前浏览器的主页

单击"开始"按钮，选择"Internet Explorer"命令，或单击任务栏中的 IE 浏览器按钮 启动 IE 浏览器，浏览器会自动链接到默认的网站主页上。在 IE 窗口中，单击"工具"按钮 或选择"工具"菜单，选择"Internet 选项"命令，打开"Internet 选项"对话框，在该对话框中可以设置主页参数。

1）选择"常规"选项卡。
2）在"主页"列表框中输入 URL 地址"http://www.163.com"，如图 6.1 所示。
3）单击"确定"按钮，完成设置。

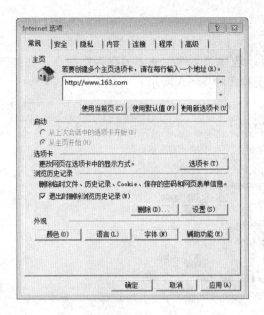

图 6.1　"Internet 选项"对话框

2．网页浏览

在浏览器窗口的地址栏中输入正确的网址，并按【Enter】键。这里的网址可以是域名，也可以是 IP 地址。例如，输入"http://www.163.com"并按【Enter】键，即可进入网易主页，如图 6.2 所示。

图 6.2　网易主页

3. 保存网页

1）保存当前网页：选择"文件"→"另存为"命令，在打开的"保存网页"对话框中选择合适的文件类型，如图 6.3 所示。

图 6.3　"保存网页"对话框

2）保存网页中的文本：选中所需要的文本，选择"编辑"→"复制"命令，或者在所选文本上右击，在弹出的快捷菜单中选择"复制"命令，打开一种文本编辑器，如记事本、Word，进行"粘贴"操作。

3）保存网页中的图片：在要保存的图片上右击，在弹出的快捷菜单中选择"图片另存为"命令，在打开的"保存图片"对话框中指定存放位置，并设置文件名，单击"保存"按钮即可。

4. 使用搜索引擎

搜索引擎是网上资源进行标引和检索的一类检索系统。通过它，人们能够准确、方便、快捷地找到相关的网络资源。使用搜索引擎查找信息的关键是要选择好关键字。

1）打开 IE 浏览器，在地址栏输入"http://www.baidu.com"，并按【Enter】键。

2）在百度主页的搜索框中输入关键字"网络"，单击"百度一下"按钮或按【Enter】键开始搜索，屏幕上会显示搜索结果，如图 6.4 所示。

3）搜索引擎会查到成千上万条信息，这些信息的相关程度不同，通常按照从高到低的顺序排列，所以，查看信息时需要进行筛选。如果查找的信息与需要相距甚远，应变换关键字再次搜索。

5. 申请电子邮箱

下面以在网易申请一个免费电子邮箱为例说明邮箱申请过程。必须注意，在申请邮

参 考 文 献

崔清民，2017．全国计算机等级考试上机考试新版题库：二级 MS Office 高级应用［M］．成都：电子科技大学出版社．

郭卫华，李春，2011．计算机操作与应用基础教程［M］．北京：科学出版社．

蒋加伏，沈岳，2013．大学计算机［M］．4 版．北京：北京邮电大学出版社．

教育部考试中心，2015．全国计算机等级考试二级教程：MS Office 高级应用（2016 年版）［M］．北京：高等教育出版社．

马学涛，2011．计算机实训与等级考试辅导教程［M］．北京：科学出版社．